Duden

100 tierische Textaufgaben

2.–4. Klasse

Üben mit Eisbär, Pinguin & Co

Dudenverlag
Berlin • Mannheim • Zürich

Bibliografische Information der Deutschen Nationalbibliothek
Die Deutsche Nationalbibliothek verzeichnet diese Publikation in der Deutschen Nationalbibliografie; detaillierte bibliografische Daten sind im Internet über http://dnb.d-nb.de abrufbar.

Bibliographisches Institut GmbH
Mecklenburgische Straße 53, 14197 Berlin

Redaktionelle Leitung: Anika Donner, Grischa Zimmermann
Redaktion: Barbara Holzwarth
Autorinnen: Ute Müller-Wolfangel und Beate Schreiber
Illustrationen: Oliver Freudenreich
Herstellung: Ursula Fürst, Petra Bachmann
Layout: Horst Bachmann, Weinheim
Umschlaggestaltung: Sven Rauska, Nieder-Olm
Satz: Katrin Kleinschrot, Stuttgart
Druck und Bindung: Heenemann GmbH & Co KG
Bessemerstraße 83–91, 12103 Berlin
Printed in Germany

ISBN 978-3-411-71827-6

Liebe Schülerin, lieber Schüler!

In diesem Buch findest du **Textaufgaben** für die 2., 3. und 4. Klasse. In allen Aufgaben geht es um Tiere. Sicher wird es dir Spaß machen, nicht nur zu rechnen, sondern auch viel Spannendes über Tiere zu erfahren.

Rechne die Aufgaben in einem Rechenheft oder auf einem Block. Bearbeite nicht zu viele Aufgaben auf einmal und nimm dir genug Zeit, zuerst einmal die Sachsituation im Aufgabentext zu verstehen. Danach überlege dir einen Lösungsweg und rechne erst anschließend die Aufgabe aus. Dabei helfen dir die **zehn Lösungsschritte** auf Seite 15. In den **Merkkästen** findest du Regeln und Beispielrechnungen. Außerdem gibt es noch **Achtungskästen** mit wichtigen Hinweisen. Wenn du eine Aufgabe gerechnet und deine **Lösung** mit derjenigen im Buch (ab Seite 115) verglichen hast, darfst du dieses Zeichen im **Inhaltsverzeichnis** ausmalen: ☺. So behältst du den Überblick, welche Aufgaben du schon bearbeitet hast.

Zwischen den Aufgaben findest du häufig **Sachinformationen** zu Tieren. Außerdem gibt es **Kapitänsaufgaben.** Hier musst du wie ein Detektiv überlegen, welche Angabe zum Lösen der Aufgabe fehlt. Du kannst sie dir im Tierlexikon oder im Internet besorgen und damit rechnen.

Viel Erfolg beim Üben!

Inhaltsverzeichnis

2.4 Textaufgaben mit Rauminhalten

2.5 Textaufgaben mit Zeitangaben

3 Textaufgaben mit und ohne Größen

3.1 Vermischte Textaufgaben

Liebe Eltern!

Nach wie vor gehört der Umgang mit Textaufgaben für viele Kinder zu einem der schwierigeren Bereiche der Mathematik. Dieses Buch enthält textbasierte Aufgaben, an denen Ihr Kind das Sachrechnen, das Lösen eines Problems, üben kann. Das erfolgreiche Bearbeiten dieser Aufgaben erfordert vielfältige Kompetenzen wie das Lesen und Verstehen des Textes, das Übersetzen des Gelesenen in die Sprache der Mathematik, das Rechnen und das Überprüfen. Zuerst muss Ihr Kind den Text genau lesen, diesen verstehen und einen dazu passenden Lösungsweg finden. Erst dann kann es anfangen zu rechnen.

So wie die Anwendung der Grundrechenarten kann auch das Lösen von Textaufgaben geübt werden. Dieses Buch enthält solche zum Thema Tiere für die 2., 3. und 4. Klasse. Es möchte den Lernprozess Ihres Kindes unterstützen. Die Textaufgaben greifen Interessantes und Wissenswertes aus der Tierwelt auf und laden damit zum motivierten Üben ein. Ihrem Kind wird anhand der Aufgaben zudem vermittelt, dass Sachsituationen im Alltag mithilfe der Mathematik geklärt werden können. In diesem Buch steht somit nicht das Rechnen im Vordergrund, sondern das Anwenden der Rechenverfahren zur Klärung von Sachsituationen.

Ihr Kind kann einen Lernstoff umso leichter und besser behalten, wenn dieser gegliedert und strukturiert angeboten wird. Deshalb sind in diesem Buch die für die Grundschule relevanten Gebiete der Mathematik gegliedert in Textaufgaben ohne und mit Größen. Die einzelnen Maßeinheiten (Geld, Längen, Gewichte, Rauminhalte und Zeit) werden zunächst kapitelweise isoliert geübt. Im letzten Kapitel werden die Maßeinheiten miteinander verknüpft, sodass Ihr Kind das isoliert gelernte Wissen auf komplexere Aufgabenstellungen anwenden muss.

In den **Merkkästen**, die den Textaufgaben vorangestellt sind, stehen kurze Regeln zu den jeweiligen Grundrechenarten mit Beispielrechnungen, die in den nachfolgenden Textaufgaben angewendet werden. Deshalb weiß Ihr Kind, welche Grundrechenart bei der einzelnen Aufgabe zum Tragen kommt, und kann sich ganz auf die Informationsentnahme konzentrieren. Bei fehlenden Grundlagen ab Klasse 3 hilft es, sich auch den Merkkasten der vorherigen Klassenstufe anzuschauen, um bereits Gelerntes aufzufrischen. Erst am Ende eines jeden Kapitels muss Ihr Kind auch entscheiden, welche Grundrechenart es zur Lösung braucht.

Immer wieder sind zwischen die Aufgaben kurze **Informationstexte** über bestimmte Tiere eingestreut. Dadurch wird dem Kind der Bezug von Textaufgaben zur Lebenswirklichkeit deutlich. Auf einigen Seiten befinden sich außerdem **Achtungskästen**, die die Umrechnungszahlen bei den einzelnen Maßeinheiten aufzeigen.

Textaufgaben, die Ihnen möglicherweise einfach erscheinen, können von Kindern nicht immer gleich mit einer Rechenoperation verknüpft werden. Umgekehrt berechnen Kinder auch bei eigentlich unlösbaren Aufgaben ein Ergebnis, obwohl Angaben fehlen. Diese Aufgaben heißen **Kapitänsaufgaben**. Auch dieser Aufgabentyp kommt im Buch vor. Das Kind muss hier herausfinden, welche Angabe zum Lösen fehlt. Kann es die Angabe besorgen und ergänzen, können auch diese Aufgaben bearbeitet werden.

Ab Seite 115 werden für alle Aufgaben **Lösungen** zum Überprüfen angeboten. Im **Inhaltsverzeichnis** haben Sie die Möglichkeit, sich an den Klassenstufen zu orientieren und entsprechende Textaufgaben für Ihr Kind auszuwählen. Nach der Bearbeitung einer Aufgabe kann Ihr Kind dort das entsprechende Smiley ausmalen. Dadurch behält es den Überblick über bereits gelöste und noch zu lösende Aufgaben und der Arbeitsfortschritt wird dokumentiert.

Wie bereits erwähnt, ist bei der Bearbeitung von Textaufgaben das Textverständnis der erste wichtige Schritt, denn wer die Sache nicht versteht, kann auch keinen Lösungsweg finden. Sollte Ihr Kind Probleme bei der Texterschließung haben, können Sie es bei diesem Prozess unterstützen, indem Sie Folgendes anregen:

- Unverstandenes mithilfe von Wörterbüchern, Lexika oder Internetrecherche klären,
- Wichtiges im Text markieren,
- den Text mit Ihnen gemeinsam umformulieren oder vereinfachen,
- Fragen, die Sie dem Kind zum Text stellen, beantworten,
- Ihnen den Text noch einmal erzählen.

Sie erleichtern außerdem Ihrem Kind den Umgang mit Textaufgaben, wenn Sie es dafür sensibilisieren, dass diese etwas mit dem eigenen Alltag zu tun haben. Ihr Kind begegnet täglich unbewusst Sachsituationen: beim Einkaufen, auf dem Sportplatz, im Zoo, im Schwimmbad, in den Ferien usw. Nutzen Sie diese Situationen, denn sie sind wichtig zum Aufbau von Größenvorstellungen. Ein Kind, das noch nie darauf geachtet hat, wie lang, wie schwer, wie teuer etwas ist oder wie lange etwas dauert, rechnet nur mechanisch ohne realistische Vorstellung. Ohne Größenvorstellung fällt es Ihrem Kind jedoch schwer, Ergebnisse zu überprüfen und im Vorfeld zu überschlagen sowie zu schätzen. Sammeln Sie daher mit ihm zusammen zu jeder Größe Orientierungshilfen aus dem Alltag für die Größenvorstellung. Wichtig ist, dass Ihr Kind nicht nur Repräsentanten kennt, die ihm helfen, sich im jeweiligen Größenbereich zu orientieren, sondern dass es diese auch handelnd ausprobiert und so eigene Größenvorstellungen entwickeln kann. Gängige Größenvorstellungen im Bereich von Längen sind beispielsweise: eine Schrittlänge entspricht etwa einem Meter, eine Fingerbreite etwa einem Zentimeter, 400 m entsprechen einer Runde auf dem Sportplatz usw. Besonders einprägsam sind die Orientierungshilfen, die Sie mit Ihrem Kind gemeinsam im Alltag entdeckt haben.

Zusammengefasst bedeutet das, dass das Lösen von Textaufgaben eine hohe Denkleistung von Ihrem Kind fordert. Es muss durch selbstständiges Denken in Sprache verpackte Informationen verstehen und verarbeiten, die passenden Rechenschritte finden und diese aufschreiben. Zudem braucht Ihr Kind zum richtigen Lösen eine hohe Sicherheit beim Anwenden der Grundrechenarten.

Und noch eine Anmerkung: Jedes Kind hat einen eigenen Zugang zu Textaufgaben. Dieser hängt von seinen jeweiligen Vorerfahrungen ab, von seiner Motivation, Frustrationstoleranz, Anstrengungsbereitschaft und zu guter Letzt auch von seiner Ausdauer. Zur Unterstützung findet Ihr Kind in diesem Buch eine **Bearbeitungshilfe** für Textaufgaben in Form von zehn möglichen Lösungsschritten (Seite 15). Manche Kinder nähern sich Textaufgaben zunächst jedoch eher spielerisch, ungeplant und probierend. Andere gehen systematischer vor und erfassen mathematische Strukturen schneller. Wichtig ist, dass Ihr Kind sich an die Aufgaben herantraut und zunächst seinen eigenen Weg geht. Achten Sie auch darauf, dass es nicht zu viele Aufgaben auf einmal bearbeitet und sich Zeit für die einzelne Aufgabe nimmt. So kann Ihr Kind lernen, sich ausdauernd und konzentriert auf ein Problem einzulassen.

Viel Freude beim Üben!

Zehn Lösungsschritte zum Bearbeiten von Textaufgaben

Die folgenden zehn Schritte können dir helfen, aus Textaufgaben die richtigen Daten herauszulesen und dann die passenden Rechenschritte dazu zu finden. Bei Textaufgaben, bei denen es um Sachtexte geht, wie in diesem Buch um Tiere, ist es wichtig, dass du die „Sache“ verstehst.

1. Lies den Aufgabentext ganz genau. Schlage alle unbekannten Wörter nach. Lies dann den Text noch einmal und erzähle den Inhalt dir selbst oder jemand anderem. Dann weißt du, ob du ihn verstanden hast.
2. Unterstreiche alle wichtigen Angaben im Text.
3. Denke noch einmal genau über die Frage nach oder überlege dir, welche Frage zu der Aufgabe passt, falls keine Frage im Text steht.
4. Fertige eine Skizze oder Zeichnung an, falls dir das hilft, die Aufgabe besser zu verstehen.
5. Schreibe die einzelnen Rechenschritte auf.
6. Überlege, wenn möglich, eine Überschlagsrechnung.
7. Rechne die einzelnen Rechenschritte genau aus.
8. Vergleiche dein Ergebnis mit der Überschlagsrechnung.
9. Kontrolliere dein Ergebnis noch einmal genau mithilfe der Probeaufgabe.
10. Lies die Frage noch einmal genau und schreibe eine passende Antwort auf.

1.1 Anzahlen bestimmen

Addieren

Plusaufgaben mit zweistelligen Zahlen kann man schrittweise mit verschiedenen Rechenwegen lösen.

Rechenweg 1:	Rechenweg 2:
47 + 25 = **72**	47 + 25 = **72**
47 + 20 = 67	47 + 5 = 52
67 + 5 = 72	52 + 20 = 72

Übung 1 – Gezwitscher

In einer Zoohandlung gibt es 38 Wellensittiche und 27 Kanarienvögel. Wie viele Vögel sind es insgesamt?

Übung 2 – Armer Kater

Ein Tierarzt behandelte in einer Woche: 15 Katzen, 23 Hunde, 12 Meerschweinchen, 18 Zwerghasen, 8 Wellensittiche und 23 Hamster. Wie viele Patienten hatte er?

Achtung!

Auf Seite 15 findest du zehn Lösungsschritte, die dir beim Bearbeiten und Lösen von Textaufgaben helfen.

Übung 3 – Am Futterhäuschen

Fred zählt im Winter einen Tag lang, wie viele Vögel sein Futterhäuschen besuchen:
vormittags: 3 Buchfinken, 1 Kleiber, 12 Sperlinge, 7 Kohlmeisen, 6 Amseln und 2 Grünfinken;
nachmittags: 13 Sperlinge, 7 Blaumeisen, 7 Amseln.
Wie viele Vögel sind es insgesamt?

Vögel im Winter

Vögel, die bei uns überwintern, brauchen Hilfe, besonders bei Schnee und lang anhaltendem Frost. Dann finden sie nämlich kein Futter mehr. Wenn du mit dem Füttern begonnen hast, musst du regelmäßig weiterfüttern, denn die Vögel verlassen sich auf ihren Futterplatz. Aufhören darfst du mit dem Füttern deshalb erst, wenn der Winter vorbei ist. Am Futterplatz, vor allem an einem Vogelhäuschen, kannst du die Vögel sehr gut beobachten.

Subtrahieren

Minusaufgaben mit zweistelligen Zahlen kann man schrittweise mit verschiedenen Rechenwegen lösen.

Rechenweg 1:	Rechenweg 2:
83 – 37 = **46**	83 – 37 = **46**
83 – 30 = 53	83 – 7 = 76
53 – 7 = 46	76 – 30 = 46

Übung 4 – Noch kein Frosch

Milan hat an einem Teich 53 Kaulquappen gefangen. Davon nimmt er 16 in einem Glas für einen Tag mit in die Schule. Die restlichen setzt er gleich wieder in den Teich zurück. Wie viele dürfen gleich zurück?

Übung 5 – Im Stall

Im Stall eines Reitvereins stehen insgesamt 38 Pferde. Am Samstag kommen 26 Besitzer und reiten mit ihren Pferden aus. Die anderen Pferde bleiben im Stall. Wie viele sind das?

Schriftlich addieren

Beim **schriftlichen Addieren** ist es wichtig, die Zahlen stellengerecht untereinanderzuschreiben.

Wenn das Ergebnis eines Stellenwertes gleich oder größer als 10 ist, entsteht ein **Übertrag**. Den muss man dann an die nächsthöhere Stelle schreiben.

	H	Z	E
	3	6	8
+	4	2	5
		1	
	7	9	3

Übung 6 – Blaumeisen

Jedes Jahr werden die verschiedenen Vogelarten vom Naturschutzbund (NABU) beobachtet und gezählt. Berechne die Gesamtanzahl der Blaumeisen für die Jahre 2009 (217 Blaumeisen), 2010 (339 Blaumeisen) und 2011 (325 Blaumeisen).

Übung 7 – Brieftauben

Zu einem internationalen Brieftaubenflugwettbewerb werden die Tauben in Taubentransportfahrzeugen gebracht. Aus Deutschland kommen fünf Fahrzeuge mit einer jeweils unterschiedlichen Anzahl Tauben:
Fahrzeug A mit 84, Fahrzeug B mit 132, Fahrzeug C mit 166, Fahrzeug D mit 137 und Fahrzeug E mit 94 Tauben.
Wie viele Brieftauben aus Deutschland nehmen an dem Wettbewerb teil?

Übung 8 – Hundeausstellung

Bei einer Hundeausstellung werden die Hunde in sechs Gruppen eingeteilt. Am ersten Tag werden die Hunde aus den Gruppen A, D und C und am zweiten Tag die der Gruppen B, E und F prämiert. Wie viele Hunde werden am ersten und wie viele am zweiten Tag ausgestellt?

Meldeliste			
Gruppe	Anzahl	Gruppe	Anzahl
A	444	**B**	98
C	302	**D**	197
E	596	**F**	238

Übung 9 – Vogelzug

Beim Projekt „Birdwatch" (Vogelbeobachtung) des Naturschutzbundes (NABU) werden am ersten Oktoberwochenende die Vögel beim Vogelzug beobachtet und gezählt. Im Jahr 2009 wurden 147 947 Vögel, 2010 wurden 117 971 Vögel und 2011 wurden 151 217 Vögel gezählt. Wie viele Vögel wurden in den drei Jahren beim Vogelzug beobachtet und gezählt?

Birdwatch

Wissenschaftler rechnen damit, dass die Vogelzugaktivitäten vieler Vogelarten in Nord- und Mitteleuropa zurückgehen könnten. Durch die Erderwärmung bleiben immer mehr Vögel ganzjährig an ihren Standorten. Regelmäßige und langfristig angelegte Beobachtungsaktionen wie „Birdwatch" helfen dabei, solchen Veränderungen auf die Spur zu kommen.

Schriftlich subtrahieren

Beim **schriftlichen Subtrahieren** ist es wichtig, dass man die Zahlen stellengerecht untereinanderschreibt.

Wenn ein Stellenwert der Zahl, die man subtrahiert, größer ist als der gleiche Stellenwert der Zahl, von der man subtrahiert, dann entsteht ein **Übertrag**. Den muss man an die nächsthöhere Stelle schreiben.

	H	Z	E
	6	3	4
−	2	5	3
	1		
	3	8	1

	H	Z	E
	5	13	
	~~6~~	~~3~~	4
−	2	5	3
	3	8	1

Übung 10 – Tierheim

In einem Tierheim wurden in einem Jahr 923 Katzen und Hunde betreut. 585 davon waren Katzen. Wie viele Hunde wurden betreut?

Übung 11 – Gänse

Auf einem großen Bauernhof gibt es 621 Gänse, davon sind 289 Gänseriche. Wie viele weibliche Gänse leben auf dem Bauernhof?

Übung 12 – Kraniche

Im Jahr 2011 wurden vom Naturschutzbund in Deutschland beim Vogelzug am meisten Kraniche gezählt. Es waren 36 658. 2010 wurden nur 9 164 gezählt. Wie viele Kraniche flogen 2011 mehr über Deutschland als 2010?

Kraniche

Kraniche sind nur während des Vogelzugs nachts unterwegs. Sonst sind sie ausschließlich am Tag aktiv. Sie sind sehr gesellige Vögel und leben meist in großen Gruppen zusammen. Kraniche gehen gemeinsam auf Nahrungssuche und schlafen auch in Gemeinschaft.

Übung 13 – Kaiserpinguine

Ein Polarforscherteam hat Kaiserpinguine gezählt. Es benutzte dazu hochaufgelöste Satellitenbilder. Die Forscher errechneten, dass es ungefähr 595 000 Kaiserpinguine gibt. Bis zu dieser Zählung schätzte man, dass es nur zwischen 270 000 und 350 000 Kaiserpinguine gäbe. Berechne den Unterschied von der gezählten Anzahl zur niedrigsten und zur höchsten Schätzung.

Kaiserpinguine

Der Kaiserpinguin lebt in der Antarktis und wird bis zu 1,20 m groß und 30 kg schwer. Kaiserpinguine leben in einer Kolonie zusammen, die sich ständig bewegt, damit es keinem der Tiere kalt wird. Die Weibchen legen nur ein einziges Ei, das vom Männchen in gut zwei Monaten ausgebrütet wird, während das Weibchen auf Nahrungssuche geht.

Multiplizieren

Malaufgaben aus der Einmaleinsreihe kann man aus den **Kernaufgaben** ableiten. Manchmal rechnet man schneller mit der **Tauschaufgabe**.

Kernaufgaben:

1 · 3 = 3 **2** · 3 = 6 **5** · 3 = 15 **10** · 3 = 30

Tauschaufgabe:

4 · 2 = **2 · 4** = 8

Übung 14 – Lecker, lecker

Milena hat sechs Hasen. Jeder Hase bekommt täglich eine Karotte. Wie viele Karotten fressen die Hasen in einer Woche?

Übung 15 – Haarig

In einem Terrarium leben acht Spinnen. Wie viele Beine krabbeln im Terrarium?

Dividieren

Beim **Dividieren** wird eine Menge aufgeteilt oder verteilt. Manchmal bleibt dabei auch ein **Rest** übrig.

Zu jeder Divisionsaufgabe gehört eine Multiplikationsaufgabe, die **Umkehr-** oder **Probeaufgabe**.

17 : 5 = **3 Rest 2**, denn 3 · 5 + 2 = 17

Übung 16 – Samtpfoten

Leos Katze hat Junge bekommen. Aus dem Körbchen der kleinen Katzen hängen 24 Pfoten heraus. Wie viele Kätzchen sind es?

Übung 17 – Pferdekatalog

In einem Pferdekatalog sollen 46 Fohlen abgebildet werden. Immer fünf Fohlenfotos werden nebeneinander angeordnet. Im Katalog werden nur volle Reihen gedruckt. Wie viele Fotos bleiben übrig?

Übung 18 – Abenddämmerung

Auf einer Waldwiese stehen in der Abenddämmerung drei Rothirsche. Sie haben alle gleich viele Enden an ihren Geweihstangen. Insgesamt sind es 24 Enden. Wie viele Enden hat jede Geweihstange?

Hirschgeweih

Jedes Jahr werfen die Hirsche Ende Februar ihr altes Geweih ab. Dann beginnt schon ein neues zu wachsen. Dieses neue Geweih sieht zuerst aus, als wäre es aus Plüsch. Wenn das Geweih ausgewachsen ist, reiben es die Hirsche an Bäumen und Sträuchern, bis der „Plüsch“ ab ist und ein blankes Geweih mit zwei Geweihstangen und unterschiedlich vielen Enden übrig bleibt.

Halbschriftlich multiplizieren

Beim **halbschriftlichen Multiplizieren** rechnet man in mehreren Schritten. Es gibt verschiedene Lösungswege.

$6 \cdot 13 = \mathbf{?}$

Lösungsweg 1:

$6 \cdot 13 = \mathbf{78}$
$6 \cdot 10 = 60$
$6 \cdot 3 = 18$
$60 + 18 = 78$

Lösungsweg 2:

$6 \cdot 13 = \mathbf{78}$
$6 \cdot 3 = 18$
$6 \cdot 10 = 60$
$18 + 60 = 78$

Lösungsweg 3 (Malkreuz):

·	10	3	
6	60	18	
			78

Übung 19 – Ameisenstaat

Bei Kleinameisen leben ungefähr 50 Tiere in einem Staat. Wie viele Ameisen sind es, wenn Benjamin bei einem Spaziergang auf einem Feld 13 Ameisenhaufen zählt?

Übung 20 – Fischköder

Ein Angler bestellt im Internet sechs Pakete künstliche Maden zum Angeln. In jedem Paket sind 15 Maden. Wie viele Maden hat er insgesamt bestellt?

Halbschriftlich dividieren

Beim **halbschriftlichen Dividieren** rechnet man in mehreren Schritten. Zuerst zerlegt man die Zahl, die geteilt werden soll. Die einzelnen Zahlen müssen durch den Teiler teilbar sein. Das Einmaleins hilft dabei. Manchmal bleibt bei der kleinsten Zahl ein **Rest**.

793 : 7 = **?**

700 + 70 + 23 = 793

Dann teilt man jede Zahl durch den Teiler.

793 : 7 = **113 Rest 2**

700 : 7 = 100
70 : 7 = 10
23 : 7 = 3 **Rest 2**

100 + 10 + 3 = **113**

Übung 21 – Pferdeboxen

In einem großen Reitstall gibt es insgesamt 126 Pferdeboxen. Diese sind gleichmäßig auf drei Ställe verteilt. Wie viele Boxen sind in jedem Stall?

Achtung!

Überprüfe dein Ergebnis mit der dazugehörigen **Malaufgabe**. Du kannst die Probe auch mit einem **Malkreuz** machen.

Schriftlich multiplizieren

Beim **schriftlichen Multiplizieren** rechnet man schrittweise. Man beginnt mit der höchsten Stelle des zweiten Faktors. Die Teilprodukte schreibt man stellengerecht untereinander und addiert sie dann schriftlich.

4	3	1	2	·	2	3	
		8	6	2	4		hier steht 4 312 · 2
		1	2	9	3	6	hier steht 4 312 · 3
		9	**9**	**1**	**7**	**6**	

Übung 22 – Pferdemarkt

Im Internet werden auf einer Homepage Pferde zum Verkauf angeboten. Auf jeder Seite werden fünf Pferde beschrieben. Insgesamt sind es 127 Seiten. Über wie viele Pferde kann man sich informieren?

Achtung!

Es ist sinnvoll, vor dem genauen Ausrechnen eine **Überschlagsrechnung** zu machen, um daran später die Größe des Ergebnisses überprüfen zu können.

Übung 23 – Fleißige Bienen

Ein Imker hat 13 Bienenstöcke. In jedem Stock leben etwa 45 000 Bienen. Wie viele Bienen hat der Imker insgesamt?

Übung 24 – Muschelbänke

Auf einer Muschelfarm gibt es 16 Miesmuschelkolonien mit je 2 000 Muscheln. Wie viele Muscheln sind das insgesamt?

Miesmuscheln

Eine Miesmuschel ist nicht „mies“. **Mies** kommt vom mittelhochdeutschen Wort **mies = Moos**. Und tatsächlich spinnt die Miesmuschel braune Fäden, die wie Moos aussehen. Mit ihnen befestigen sich die Muscheln, die in großen Kolonien leben, an Steinen und Pfählen vor allem im Brackwasser.

Schriftlich dividieren

Beim **schriftlichen Dividieren** rechnet man schrittweise. Man beginnt mit der höchsten Stelle der Zahl, die geteilt werden soll. Ist die höchste Stelle der zu dividierenden Zahl kleiner als der Teiler, beginnt man mit den beiden ersten Stellen. Manchmal bleibt beim Dividieren ein **Rest** übrig.

8	6	5	3	:	6	=	**1**	**4**	**4**	**2**	**Rest**		**1**
6													
2	6												
2	4												
	2	5											
	2	4											
		1	3										
		1	2										
			1										

Übung 25 – Haustiere

Im Jahr 2010 hatte die Stadt Mannheim 313 172 Einwohner. Jeder vierte Einwohner besaß ein Haustier. Wie viele Haustiere gab es 2010 in Mannheim?

Achtung!

Jede schriftliche Division sollte aus drei Teilschritten bestehen:

1. Überschlagsrechnung
2. Division
3. Probe

Übung 26 – Hufschmied

In einem Reiterverein wird jedes Pferd achtmal im Jahr beschlagen. Der Hufschmied hat für den Verein insgesamt 1 824 Hufeisen gebraucht. Wie viele Pferde hat der Hufschmied jedes Mal beschlagen?

Beim Hufschmied

Ein Pferd muss regelmäßig zum Hufschmied, um neue Hufeisen zu bekommen. Vor dem Beschlagen werden die alten Hufeisen entfernt und die Hufe werden untersucht. Dann werden die neuen Hufeisen angepasst. Der Hufschmied hämmert und biegt so lange an den Hufeisen, bis sie dem Pferd wie Schuhe passen.

Mit Anzahlen rechnen

Bei Textaufgaben muss man genau überlegen, mit welchen **Rechenschritten** man die gesuchte Anzahl berechnen kann. Es können alle vier Grundrechenarten vorkommen: Addition, Subtraktion, Multiplikation und Division.

Beispiel:
Auf der Wiese eines Bauern grasen 32 Kühe. 14 Kühe stehen im Stall. Jeden Morgen und jeden Abend wird jede Kuh mit der Melkmaschine gemolken. An wie vielen Eutern muss der Bauer die Melkmaschine pro Tag ansetzen?

Rechnung: 32 Kühe + 14 Kühe = 46 Kühe
$46 \cdot 2 = \mathbf{92}$

Antwort: Er muss die Melkmaschine an 92 Eutern ansetzen.

Übung 27 – Übertrieben

Der Hundertfüßler hat 15 Beinpaare. Wie viele Beine müssten ihm noch wachsen, damit er den Namen wirklich verdiente?

Übung 28 – Angeber

Der Körper eines Tausendfüßlers besteht aus Ringen (Segmenten). Pro Körpersegment hat er zwei Beinpaare. Wie viele Beine hat ein Tausendfüßler mit 43 Segmenten? Wie viele Segmente müssten ihm noch wachsen, damit er auf 1 000 Beine kommt?

Übung 29 – Lebensraum Hecke

In einer Feldhecke können bis zu 900 verschiedene Tierarten leben. Tiere, die man auf Anhieb sieht, und andere, die so winzig sind, dass man sie mit dem bloßen Auge nicht erkennt.
Es können in einer Hecke ungefähr 36 Vogelarten, 20 Säugetierarten und 110 Schlupfwespenarten leben. Die anderen Tierarten kann man gar nicht alle aufzählen. Wie viele Tierarten sind nicht aufgezählt?

Kapitänsaufgabe

Elefantenbaby

In einem Zoo wurde im April ein Elefantenbaby geboren. Dieses Ereignis lockte viele Besucher an. In den ersten drei Tagen haben 847 Besucher das Elefantenbaby angeschaut. Die Hälfte davon waren Kinder. Wie viele Frauen haben den kleinen Elefanten besucht?

Welche Angabe fehlt zum Lösen der Aufgabe?

Denke dir eine passende Angabe aus. Dann kannst du diese Aufgabe mit deiner eigenen Angabe lösen.

Übung 30 – Wintervögel

Der Naturschutzbund (NABU) hat im Jahr 2011 zur Wintervögelzählung aufgerufen. Im Raum Mannheim wurden in 82 Gärten 3 106 Vögel gezählt. Es wurden 52 verschiedene Vogelarten beobachtet. Die meistgezählten Vogelarten waren: 839 Haussperlinge, 363 Kohlmeisen, 271 Blaumeisen, 237 Feldsperlinge, 143 Rabenkrähen, 139 Stare, 127 Elstern, 120 Halsbandsittiche, 108 Grünfinken und 103 Ringeltauben. Wie viele Vögel wurden bei den anderen 42 Vogelarten insgesamt gezählt?

Übung 31 – Londoner Zoo

Jedes Jahr im Januar werden im Londoner Zoo die Tiere gezählt. Im Jahr 2012 wurden diese Zahlen veröffentlicht:

Säugetiere	1 138
Wirbellose Tiere	794
Reptilien	115
Amphibien	21
Vögel/Fische	673

Wie viele Tiere waren es insgesamt? Wie viele davon waren Vögel, wenn es bei der Zählung 35 mehr Fische als Vögel gab?

Tiere ohne Knochen

Wirbellose Tiere haben keine Knochen und auch keine Wirbelsäule wie etwa Säugetiere. Zu den wirbellosen Tieren gehören Schnecken, Würmer und Insekten.

Kapitänsaufgabe

Federkleid

Federn schützen Vögel vor Regen und frostigen Temperaturen im Winter. Bei einem Tundra-Schwan hat man die meisten Federn gezählt. Es waren 25 216 Federn. Im Vergleich dazu hat eine Ente nur ungefähr 1 200 Federn. Ein Rubinkehlkolibri hatte die wenigsten Federn. Wie viele Federn hat der Tundra-Schwan mehr als der Rubinkehlkolibri?

Welche Angabe fehlt zum Lösen der Aufgabe?

Besorge dir die fehlende Angabe. Dann kannst du diese Aufgabe mit deiner eigenen Angabe lösen.

2.1 Textaufgaben mit Geldbeträgen

Geldbeträge addieren und subtrahieren

Man kann Geldbeträge addieren und subtrahieren, wenn sie in der **gleichen Maßeinheit** stehen. Ist das nicht der Fall, muss man sie zuerst in die gleiche Einheit umwandeln.

17 € + 9 € = 26 €   76 ct – 15 ct = 61 ct

Wichtig ist, dass man beim Ergebnis die richtige Maßeinheit angibt.

Übung 1 – Knallrotes Halsband

Johann hat 24 € gespart. Er kauft für seinen Hund Fops ein knallrotes Halsband und dazu die passende Leine. Das Halsband kostet 9 € und die Leine 7 €. Wie viel Geld hat Johann noch übrig?

Achtung!

Geldbeträge kannst du in **Euro (€)** und **Cent (ct)** angeben.

1 Euro = 100 Cent   1 € = 100 ct

Übung 2 – Klassenaquarium

Die Klasse 2c will ein Aquarium einrichten. Die Kinder möchten alles aus der Klassenkasse bezahlen. Das Aquarium kostet 27 €, die Pflanzen kosten 7 €, Zierfische 16 €, der Futterautomat kostet 20 €, Futter 8 € und Kies kostet 3 €. Wie viel Geld muss mindestens in der Klassenkasse sein?

Achtung!

Auf Seite 15 findest du zehn Lösungsschritte, die dir beim Bearbeiten und Lösen von Textaufgaben helfen.

Geldbeträge schriftlich addieren und subtrahieren

Geldbeträge kann man addieren und subtrahieren, wenn sie in der gleichen Maßeinheit stehen.

Geldbeträge mit Kommazahl muss man beim **schriftlichen Addieren und Subtrahieren** stellengerecht untereinanderschreiben. Die Kommas müssen untereinanderstehen.

54,85 € + 12,54 € = **?**

$$\begin{array}{r} 54{,}85\ € \\ +12{,}54\ € \\ \scriptstyle 1 \\ \hline \mathbf{67{,}39\ €} \end{array}$$

638,78 € – 317,22 € = **?**

$$\begin{array}{r} 638{,}78\ € \\ -317{,}22\ € \\ \hline \mathbf{321{,}56\ €} \end{array}$$

Übung 3 – Käfigausstattung

Die Großeltern von Luca und Samira kaufen alles, was die beiden für ihr neues Meerschweinchen brauchen. Das haben sie bezahlt:

Wie hoch sind die Anschaffungskosten?

Übung 4 – Teures Hobby

Maja wünscht sich ein eigenes Pferd. Sie informiert sich im Internet über die jährlichen Kosten für ein Pferd:

Tierarzt:	225 €
Stallmiete:	780 €
Futter:	1800 €
Weidepacht:	180 €
Hufschmied:	360 €

Majas Eltern wollen nicht mehr als 3 500 € im Jahr für ein Pferd ausgeben. Können sie den Wunsch ihrer Tochter erfüllen?

Übung 5 – Spendenaufruf

Das Zooaquarium braucht dringend finanzielle Hilfe. Benötigt werden 350 000 €. Folgende Beträge sind auf dem Spendenkonto eingegangen:

Firma Fischer	49 500,00 €
Eishandel Rose	37 500,00 €
Schokofabrik	102 000,50 €
Brauerei Trank	11 500,50 €
Autohaus Braun	3 420,50 €
Kinderhaus Frei	75,20 €
Erich-Kästner-Schule	187,75 €
Autohaus Blitz	3 420,50 €

Wie viel Geld fehlt noch?

Geldbeträge multiplizieren und dividieren

Man kann Geldbeträge multiplizieren und dividieren.

$5 \cdot 8$ ct = 40 ct   25 ct : 5 = 5 ct
$6 \cdot 7$ € = 42 €   27 € : 9 = 3 €

Wichtig ist, dass man beim Ergebnis die richtige Maßeinheit angibt.

Übung 6 – Nistkästen

Die Klasse 2b will acht Nistkästen bauen. Das Material für einen Nistkasten kostet 6 €. Wie teuer ist das Material für alle acht Nistkästen?

Übung 7 – Katzenfutter

Loredana hat für ihre Katze eingekauft: eine Packung Katzensnacks mit drei Beuteln für 3 €, eine Palette Nassfutter mit sechs Dosen für 12 €. Wie teuer ist ein Beutel Katzensnacks und wie teuer ist eine Dose Nassfutter?

Geldbeträge halbschriftlich multiplizieren

Geldbeträge kann man halbschriftlich multiplizieren. Beim halbschriftlichen Multiplizieren von Geldbeträgen in **Kommaschreibweise** multipliziert man die Eurobeträge und die Centbeträge getrennt.

6 · 3,07 € = **?**

6 · 3 € = 18 €
6 · 7 ct = 42 ct

18 € + 42 ct = **18,42 €**

Übung 8 – Meerschweinchen

Matti hat zwei Meerschweinchen. Er gibt für sie pro Woche für Grünfutter 1,45 €, für Heu 1,15 € und für Streu 1,10 € aus. Berechne die Gesamtkosten für vier Wochen.

Meerschweinchensprache

Meerschweinchen können pfeifen, flöten, quieken, zirpen, brommseln, purren und mit den Zähnen klappern. Sie haben für verschiedene Situationen passende Geräusche. Wenn sie sich wohlfühlen, dann pfeifen, flöten oder quieken sie. Wenn sie sich nicht wohlfühlen, dann zirpen, brommseln, purren sie oder klappern mit den Zähnen.

Geldbeträge halbschriftlich dividieren

Geldbeträge kann man halbschriftlich dividieren. Beim halbschriftlichen Dividieren von Geldbeträgen in **Kommaschreibweise** ist es manchmal einfacher, wenn man zuerst den Geldbetrag in Cent umwandelt.

5,45 € : 5 = **?**

545 ct : 5 = **?**

500 ct : 5 = 100 ct
45 ct : 5 = 9 ct

100 ct + 9 ct = 109 ct = **1,09 €**

Übung 9 – Tierschutz

Familie Schütt spendet für den Tierschutzverein 95 € im Jahr. Dieser Betrag wird in vier Raten abgebucht. Wie hoch ist die vierteljährliche Rate?

Tierschutzbund

Der Deutsche Tierschutzbund setzt sich für das Wohl aller Tiere ein. Er sorgt dafür, dass Tiere in ihren natürlichen Lebensräumen geschützt werden. Dafür braucht der Verband Spendengelder.

Geldbeträge schriftlich multiplizieren

Es gibt Textaufgaben, in denen man Geldbeträge in **Kommaschreibweise** multiplizieren muss. Man kann entweder den Betrag zuerst in Cent umwandeln und dann multiplizieren oder gleich in Kommaschreibweise schriftlich multiplizieren.

2,15 € · 51 = **?**

Rechenweg 1:

2	1	5	ct	·	5	1						
		1	0	7	5							
				2	1	5						
		1	0	9	6	5	ct					
						=	**1**	**0**	**9,**	**6**	**5**	**€**

Rechenweg 2:

2,	1	5	€	·	5	1	
		1	0	7	5		
				2	1	5	
		1	**0**	**9,**	**6**	**5**	**€**

Auf das Komma kommt es an!

Übung 10 – Vogelfütterung

Auf dem Weihnachtsmarkt verkauft die Klasse 3a selbst gebastelte Meisenglocken. Sie verkauft 83 Glocken zu je 2,50 €. Wie viel Geld hat die Klasse 3a eingenommen?

Geldbeträge schriftlich dividieren

Es gibt Textaufgaben, in denen man Geldbeträge in **Kommaschreibweise** dividieren muss. Man kann entweder den Betrag zuerst in Cent umwandeln und dann dividieren oder gleich in Kommaschreibweise schriftlich dividieren.

82,53 € : 9 = **?** 82,53 € = 8 253 ct

Rechenweg 1:

8	2	5	3	ct	:	9	=	**9**	**1**	**7**	**ct**
8	1										
	1	5									
		9									
		6	3								
		6	3								
			0								

Rechenweg 2:

8	2,	5	3	€	:	9	=	**9,**	**1**	**7**	**€**
8	1										
	1	5									
		9									
		6	3								
		6	3								
			0								

Auf das Komma kommt es an!

Übung 11 – Geschenk

Lilli will ihrem großen Bruder, der in acht Monaten Geburtstag hat, eine Rennmaus schenken. Für die Maus und das Gehege braucht sie insgesamt 36,80 €. Sie spart dafür monatlich 3,50 € von ihrem Taschengeld. Wie viel Geld müsste sie monatlich sparen?

Mit Geldbeträgen rechnen

Bei allen Textaufgaben mit Geldbeträgen muss man genau überlegen, mit welchen **Rechenschritten** man den gesuchten Geldbetrag berechnen kann. Es können alle vier Grundrechenarten vorkommen: Addition, Subtraktion, Multiplikation und Division.

Beispiel:
Sina kauft drei Dosen Hundekuchen. Jede Dose kostet 2,50 €. Sie bezahlt mit einem 20-Euro-Schein. Wie viel Geld bekommt Sina zurück?

Rechnung: 2,50 € · 3 = 7,50 €   20,00 € – 7,50 € = **12,50 €**

Antwort: Sina bekommt 12,50 € zurück.

Übung 12 – Vogelfutter

Dilara will sechs Meisenknödel für die Vogelwinterfütterung kaufen. Sie vergleicht die Angebote:
Ein Dreierpack kostet 1,29 €. Ein Sechserpack kostet 2,45 €. Wie viel Geld spart sie bei dem günstigeren Angebot?

Achtung!

Denke daran, bei jedem Geldbetrag die **Maßeinheit** (€ oder ct) dazuzuschreiben.

Kapitänsaufgabe

Papageienfutter

Als Philipp mit seiner Mutter zum Einkaufen fährt, fällt ihm ein, dass er gar keine Hirsekolben mehr für seinen Papagei Krächsi hat. Aber Krächsi frisst am liebsten Hirse. Deshalb bittet Philipp seine Mutter, noch an der Zoohandlung zu halten. Die Mutter parkt vor dem Geschäft und gibt ihm Geld. Philipp springt schnell ins Geschäft und kauft gleich sechs Pakete Hirsekolben. In jedem Paket sind zwei Kolben. An der Kasse bezahlt er mit dem 50-Euro-Schein, den seine Mutter ihm gegeben hat. Wie viel Geld bekommt er zurück?

Welche Angabe fehlt zum Lösen der Aufgabe?

Denke dir eine passende Angabe aus. Dann kannst du diese Aufgabe mit deiner eigenen Angabe lösen.

Übung 13 – Regenbogenfisch

Said geht mit seiner Tante in den Tiermarkt. Er darf sich Fische für sein neues Aquarium aussuchen. Said sucht sich folgende Fische aus: zwei Black Mollys für je 2,99 €, zwei Blaue Johanni für je 12,78 €, drei Blaue Neons für je 2,15 € und zwei Regenbogenfische für je 7,80 €. Er bezahlt mit einem 50-Euro-Schein und einem 20-Euro-Schein. Wie viel Geld bekommt Said zurück?

Übung 14 – Gassi gehen

Joshua geht dreimal in der Woche nachmittags mit Bruno, dem Hund seiner Nachbarin, Gassi. Für jedes Gassigehen bekommt er 2,50 €. Joshua kauft aber jede Woche Leckerlis für Bruno. Dafür bezahlt er immer 75 ct. Wie viel Geld hat er nach vier Wochen von seinem verdienten Geld noch übrig?

Übung 15 – Ganz schön teuer

Marlene spart für ein neues Aquarium. Sie hat sich eines für 189,30 € ausgesucht. Zum Geburtstag hat sie schon 85 € geschenkt bekommen. Den Rest will sie in sieben Monaten sparen. Wie viel Geld müsste sie jeden Monat sparen?
Marlenes Bruder entdeckt das gleiche Aquarium im Internet. Da kostet es nur 139,60 €. Wie viel Geld müsste Marlene jeden Monat nur sparen, wenn sie sich für das Internetangebot entscheidet?

Zierfische

Bei der Anschaffung von Zierfischen muss man sich vorher gut über die Ausstattung des Aquariums und über die Pflege der Fische informieren.
Bevor die Fische ins Wasser dürfen, muss das Aquarium einige Tage vollständig eingerichtet und bepflanzt worden sein. Für die Bodenschicht wählt man je nach Fischart zwischen Sand und Kies.

Kapitänsaufgabe

Katzenbetreuung

Petros Nachbarin muss ins Krankenhaus. Sie fragt Petro, ob er sein Taschengeld aufbessern möchte. Sie bietet ihm an, dass er, wenn er ihre Katze während ihrer Abwesenheit versorgt, pro Tag 1,50 € bekommt. Petro freut sich darüber, denn er spart für ein neues Fahrrad. Er will das ganze Geld auf sein Konto tun. Da hat er schon 255,00 €. Wie viel Geld kommt noch dazu?

Welche Angabe fehlt zum Lösen der Aufgabe?

Denke dir eine passende Angabe aus. Dann kannst du diese Aufgabe mit deiner eigenen Angabe lösen.

Übung 16 – Stabheuschrecken

Die Klassen 4a, 4b und 4c planen ein Projekt mit Stabheuschrecken. Dafür bestellen sie 24 frisch geschlüpfte Stabheuschrecken für je 90 ct und 15 ältere für je 1,30 €. An Versandkosten kommen noch 8,70 € dazu. Die drei Klassen teilen sich die Kosten. Wie viel muss jede Klasse bezahlen?

Stabheuschrecken

Stabheuschrecken sind interessante Tiere, die in tropischen Waldgebieten leben. Wenn Gefahr droht, tarnen sie sich geschickt, indem sie ihre dürren Vorderbeine dicht am Kopf in die Höhe strecken und sich tot stellen. Dann bewegen sie sich wie ein Ast im Wind und sind im Geäst der Bäume und Sträucher so nicht zu erkennen. In der Wohnung kann man Stabheuschrecken in einem Terrarium halten.

Übung 17 – Hundepension

Carla geht mit ihren Eltern über Weihnachten 12 Tage zum Skifahren. Ihren Hund muss sie in der Zeit in eine Hundepension geben. Diese berechnet pro Tag: 13 € für die Pflege plus 1,50 € Zuschlag für Heizung und 50 ct für das Futter. Wie viel müssen Carlas Eltern insgesamt bezahlen?

Übung 18 – Zooschule

Adrian feiert seinen zehnten Geburtstag mit 13 Freunden in der Zooschule. Der Eintritt kostet für Erwachsene 8,20 €. Kinder zahlen die Hälfte. Die Zooschule berechnet zusätzlich für acht Kinder 30 € und für jedes weitere Kind 4,50 €. Begleitpersonen sind frei. Wie viel müssen Adrians Eltern insgesamt bezahlen, wenn sie als Begleitpersonen mit in die Zooschule gehen?

Zooschule

In einigen Zoos gibt es Zooschulen. Dort kann man mit der ganzen Schulklasse hingehen oder z. B. auch einen Kindergeburtstag buchen. Ranger führen dann durch den Zoo und informieren über die artgerechte Haltung der Tiere, die dort leben. Zusammen mit Tierpflegern können Kinder z. B. Futter für die Tiere zubereiten oder erfahren, wie es sich anfühlt, eine Schlange anzufassen.

Kapitänsaufgabe

Aquariumsbesuch

Endlich ist der Ausflugstag da. Die Klasse 4a fährt mit dem Bus in ein Aquarium. Sie fahren über eine Stunde dorthin. Der Eintritt in das Aquarium kostet für Erwachsene 4,50 € und pro Kind 2,70 €. Für je fünf Kinder gibt es einen Gruppentarif zu 11,50 €. Wie viel Eintrittsgeld spart die Klasse 4a, wenn sie den Gruppentarif in Anspruch nimmt?

Welche Angabe fehlt zum Lösen der Aufgabe?

Denke dir eine passende Angabe aus. Dann kannst du diese Aufgabe mit deiner eigenen Angabe lösen.

2.2 Textaufgaben mit Längenangaben

Längenangaben addieren und subtrahieren

Man kann Längenangaben addieren und subtrahieren, wenn sie in der **gleichen Maßeinheit** stehen.

37 m + 19 m = 56 m 74 cm – 51 cm = 23 cm

Wichtig ist, dass man beim Ergebnis die richtige Maßeinheit angibt.

Achtung!

Je nach Messgerät sind die Längenmaße in **Meter (m)**, **Zentimeter (cm)** oder **Millimeter (mm)** angegeben.

1 m = 100 cm
1 cm = 10 mm

Übung 1 – Schneckentempo

Die Klasse 2a veranstaltet ein Schneckenrennen. Immer vier Kinder schicken eine Schnecke ins Rennen. Fatimas hungrige Schnecke schafft in der vorgegebenen Zeit 48 cm. Olafs Schnecke schafft 17 cm weniger als Lenas Schnecke. Lenas Schnecke kriecht 8 cm weiter als Atais Schnecke. Atais Schnecke schafft 12 cm weniger als die von Fatima. Wie viele Zentimeter hat jede Schnecke geschafft?

Längenangaben schriftlich addieren und subtrahieren

Längenangaben kann man addieren und subtrahieren, wenn sie in der gleichen Maßeinheit stehen.

Längenangaben mit Kommazahl muss man beim **schriftlichen Addieren und Subtrahieren** stellengerecht untereinanderschreiben. Die Kommas müssen untereinanderstehen.

6,32 m + 1,35 m = **?**

$$\begin{array}{r} 6{,}32\text{ m} \\ +\ 1{,}35\text{ m} \\ \hline \mathbf{7{,}67\text{ m}} \end{array}$$

72,40 m – 37,18 m = **?**

$$\begin{array}{r} 72{,}40\text{ m} \\ -\ 37{,}18\text{ m} \\ \hline \mathbf{35{,}22\text{ m}} \end{array}$$

Achtung!

Auf Seite 15 findest du zehn Lösungsschritte, die dir beim Bearbeiten und Lösen von Textaufgaben helfen.

Übung 2 – Spannweiten

Die Drittklässler messen im Mathematikunterricht die Spannweiten ihrer Arme. Tim misst bei sich 1,47 m. Zu Hause vergleicht er seine Spannweite mit den großen Spannweiten von Tieren:
Albatros: 3,60 m,
Condor: 3,20 m,
Schwan: 2,75 m.
Wie groß ist jeweils der Unterschied von Tims Spannweite zu denen der Tiere?

Übung 3 – Frische Eier

Die Hausmeisterin will den Zaun des Hühnergeheges auf dem Schulgelände erneuern. Sie hat noch eine Rolle Drahtzaun mit 12,5 m. Das Gehege ist 302 cm lang und 217 cm breit. Wie viele Meter Drahtzaun bleiben von der Rolle übrig oder wie viele Meter fehlen?

Achtung!

Große Längenmaße werden in **Kilometer** gemessen.
Das Wort „Kilo“ kommt aus dem Griechischen und bedeutet „tausend“.

1 000 m = 1 km

Übung 4 – Wildschweingehege

Die Klasse 4a besucht ein Wildschweingehege. Von der Schule bis zum Gehege sind es 4,7 km. Die Klasse läuft einmal um das ganze Gehege, das 0,8 km breit und 1,2 km lang ist. Dann geht es zurück zur Schule. Am Abend sagt Senep zu ihrer Mutter: „Heute bin ich bestimmt 100 km gelaufen.“ Die Mutter lacht. Wie viele Kilometer ist Senep mit ihrer Klasse tatsächlich gelaufen?

Längenangaben multiplizieren und dividieren

Man kann Längenangaben multiplizieren und dividieren.

6 · 3 m = 18 m   63 cm : 7 = 9 cm

Wichtig ist, dass man beim Ergebnis die richtige Maßeinheit angibt.

Übung 5 – Überholt

Laura fährt mit ihrem Fahrrad in einer Stunde im Schnitt 12 km. In der gleichen Zeit läuft ein Feldhase die sechsfache Strecke. Ein Wildkaninchen schafft nur die Hälfte der Strecke des Feldhasen. Wie viele Kilometer kann ein Feldhase und wie viele ein Wildkaninchen in einer Stunde laufen?

Feldhasen

Feldhasen sind groß und schlank. Sie haben sehr lange Läufe und ihre Ohren sind länger als der Kopf. Ihr Fell ist rötlich braun. Wildkaninchen sind kleiner als Feldhasen, ihre Beine und Ohren sind außerdem kürzer. Das Fell der Wildkaninchen ist graubraun.

Längenangaben halbschriftlich multiplizieren

Längenangaben kann man halbschriftlich multiplizieren. Beim halbschriftlichen Multiplizieren von Längenangaben in **Kommaschreibweise** muss man zuerst umwandeln. Danach kann man schrittweise multiplizieren.

8,13 m · 6 = **?**

8 m · 6 = 48 m

13 cm · 6 = 78 cm

48 m + 78 cm = **48,78 m**

Übung 6 – Hahn im Korb

Der Förderverein einer Schule kauft für das Hühnerhaus auf dem Schulgelände Sitzstangen für die Hühner. Die Schule hat sieben Hühner und einen Hahn. Jedes der Tiere braucht zum Schlafen 0,26 m Platz auf der Stange. Wie lang muss die Stange mindestens sein?

Übung 7 – Neue Hundezwinger

Ein Tierheim muss sechs neue Hundezwinger bauen, damit alle Hunde genügend Platz haben. Die Zwinger werden direkt aneinandergebaut und jeder hat eine Breite von 2,70 m. Wie breit sind die Zwinger insgesamt?

Längenangaben halbschriftlich dividieren

Längenangaben kann man halbschriftlich dividieren. Beim halbschriftlichen Dividieren von Längenangaben in **Kommaschreibweise** ist es manchmal einfacher, wenn man zuerst die Längenangabe in eine kleinere Einheit umwandelt, damit man ohne Komma rechnen kann.

8,24 m : 4 = **?**	824 cm : 4	= **?**
	800 cm : 4	= 200 cm
	24 cm : 4	= 6 cm
	200 cm + 6 cm	= 206 cm = **2,06 m**

Übung 8 – So eine Schweinerei!

Ein Bauer baut einen neuen Schweinestall. Der Stall hat eine Länge von 31,50 m und soll in sieben gleich große Boxen eingeteilt werden. Wie breit kann eine Box werden?

Längenangaben schriftlich multiplizieren

Es gibt Textaufgaben, in denen man Längenangaben in **Kommaschreibweise** multiplizieren muss. Man kann die Längenangabe in eine kleinere Einheit umwandeln, sodass man ohne Komma rechnen kann. Man kann auch in Kommaschreibweise schriftlich multiplizieren.

7,32 km · 24 = **?**

Rechenweg 1:

7	3	2	0	m	·	2	4					
		1	4	6	4	0						
			2	9	2	8	0					
		1	7	5	6	8	0					
						=	**1**	**7**	**5,**	**6**	**8**	**km**

Rechenweg 2:

7,	3	2	km	·	2	4	
		1	4	6	4		
			2	9	2	8	
		1	**7**	**5,**	**6**	**8**	**km**

Auf das Komma kommt es an!

Übung 9 – Langes Tier

Die Klasse 4a hat in ihrem Projekt etwas Interessantes herausgefunden: Wenn sich 18 Kinder mit einer durchschnittlichen Größe von 1,50 m hintereinanderlegen, erreichen sie die Länge eines Blauwals. Wie lang ist ein Blauwal?

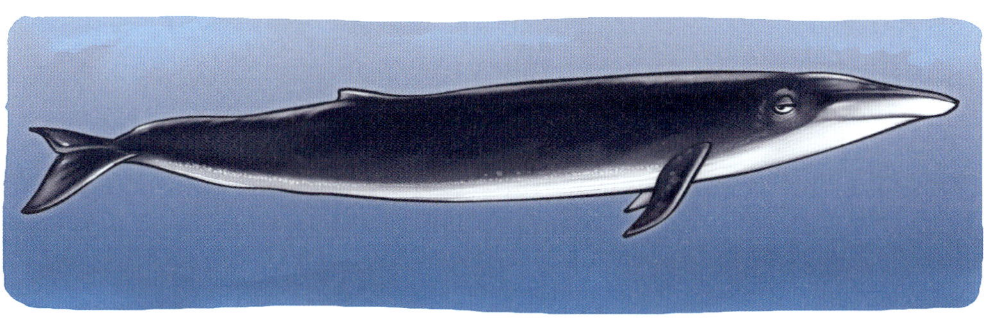

Längenangaben schriftlich dividieren

Es gibt Textaufgaben, in denen man Längenangaben in **Kommaschreibweise** dividieren muss. Man kann die Längenangabe in eine kleinere Einheit umwandeln, sodass man ohne Komma rechnen kann. Man kann auch in Kommaschreibweise schriftlich dividieren.

8,75 km : 5 = **?**   8,75 km = 8 750 m

Rechenweg 1:

8	7	5	0	m	:	5	=	**1**	**7**	**5**	**0**	**m**
5												
3	7											
3	5											
	2	5										
	2	5										
		0										

Rechenweg 2:

8,	7	5	km	:	5	=	**1,**	**7**	**5**	**km**
5										
3	7									
3	5									
	2	5								
	2	5								
		0								

Auf das Komma kommt es an!

Übung 10 – Reiserekord

Küstenseeschwalben fliegen einmal im Jahr von Grönland in die Antarktis und wieder zurück. Sie legen dabei insgesamt eine Flugstrecke von 41 600 km zurück. Für den Hin- und Rückflug brauchen sie jeweils 40 Tage. Wie viele Kilometer fliegen die Küstenseeschwalben im Durchschnitt pro Tag?

Bruchteile von Längenangaben

Es gibt Textaufgaben, in denen man mit **Bruchteilen** von Längenangaben rechnen muss. Dafür unterteilt man zuerst eine Gesamtstrecke in gleich lange Strecken und nimmt dann so viele Teile davon, wie in der Aufgabe angegeben.

Beispiel:
Bei einem Pferderennen von 2 400 m Länge führt der Hengst Adaba nach $\frac{3}{4}$ der Strecke. Wie viele Meter ist er schon gelaufen?

Skizze:

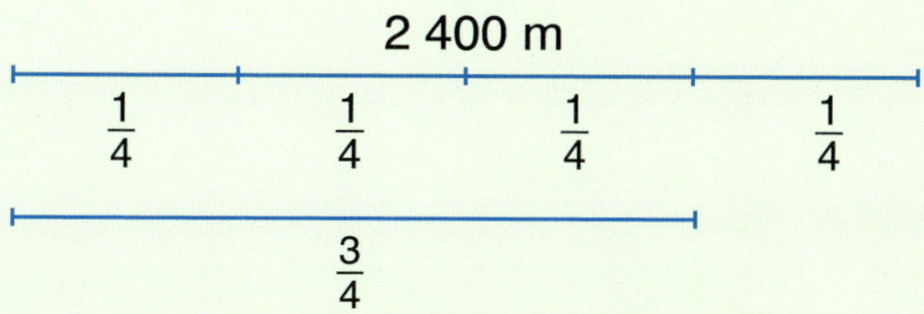

Rechnung: 2 400 m : 4 = 600 m 600 m · 3 = **1 800 m**

Antwort: Er ist schon 1 800 m gelaufen.

Übung 11 – Körpergröße

Delfine haben bei ihrer Geburt ca. $\frac{1}{3}$ der Körperlänge eines ausgewachsenen Delfins. Welche Körperlänge erreicht ein Delfin ungefähr, wenn er bei Geburt 1,15 m lang ist?

Übung 12 – Geburtsgröße

Ein ausgewachsener Pottwal von 13,50 m Körperlänge war bei Geburt $\frac{2}{3}$ kleiner. Berechne die Körperlänge bei Geburt.

Übung 13 – Große Sprünge

Ein Frosch macht einen Sprung von einem Meter. Beim nächsten Sprung schafft er nur noch $\frac{4}{5}$ der Strecke vom ersten Sprung. Beim dritten Sprung schafft er nur noch $\frac{4}{5}$ der Strecke vom zweiten Sprung. Wie viele Meter ist der Frosch nach drei Sprüngen gesprungen?

Laubfrösche

Der Laubfrosch wird auch als Wetterfrosch bezeichnet. Die jungen Laubfrösche klettern an sonnigen Sommertagen an den Pflanzen hoch. Bei Regen bleiben sie lieber in Bodennähe. Das machen sie, weil sie sich von Insekten ernähren und die, je nach Wetterlage, oben oder weiter unten an den Pflanzen zu finden sind.

Kapitänsaufgabe

Löwengebrüll

Löwen leben in Afrika. Sie streifen auch nachts viele Kilometer durch ihr Gebiet. Jeder weiß, dass Löwen laut brüllen können. Ihr Gebrüll ist sehr weit zu hören. Die Entfernung, wie weit man es hört, ist genau $\frac{1}{3}$ der Strecke, die die Löwen nachts laufen.

Welche Angabe fehlt zum Lösen der Aufgabe?

Besorge dir die fehlende Angabe. Dann kannst du diese Aufgabe mit deiner eigenen Angabe lösen.

Mit Längenangaben rechnen

Bei allen Textaufgaben mit Längenangaben muss man genau überlegen, mit welchen **Rechenschritten** man die gesuchte Längenangabe berechnen kann. Es können alle vier Grundrechenarten vorkommen: Addition, Subtraktion, Multiplikation und Division.

Beispiel:
Max geht mit seinem Hund Chocolate jeden Morgen und jeden Abend Gassi. Er läuft immer die gleiche Strecke von 2,5 km. Wie viele Kilometer laufen sie in einer Woche?

Rechnung: 2,5 km + 2,5 km = 5 km   5 km · 7 = **35 km**

Antwort: Sie laufen in einer Woche 35 km.

Übung 14 – Hundetraining

In einem Hundeverein ist auf der Wiese ein Trainingsparcours von 16 m Länge aufgebaut. Die Hunde durchlaufen beim Training den Parcours dreimal. In der Woche wird zweimal trainiert. Wie viele Meter trainieren die Hunde in einer Woche?

Achtung!

Denke daran, bei jeder Längenangabe die **Maßeinheit** (km, m, cm oder mm) dazuzuschreiben.

Kapitänsaufgabe

Golden Retriever

Herr Schnauzer hat einen jungen Golden Retriever, der viel Auslauf braucht. Deshalb geht Herr Schnauzer dreimal am Tag mit seinem Hund Gassi. Das ist gar nicht so einfach, da er in einer großen Stadt wohnt. Deshalb fahren Herr Schnauzer und sein Hund immer mit der Straßenbahn an den Fluss. Wie viele Kilometer laufen sie pro Tag am Fluss entlang?

Welche Angabe fehlt zum Lösen der Aufgabe?

Denke dir eine passende Angabe aus. Dann kannst du diese Aufgabe mit deiner eigenen Angabe lösen.

Übung 15 – Auf der Rennbahn

In einem Rennstall werden täglich drei Pferde so trainiert: Zobel läuft auf der 1 km 200 m langen Rennbahn drei Runden, Dosimo läuft nur zwei Runden und Basima sogar nur eineinhalb Runden. Im Anschluss an das Training läuft noch jedes Pferd sechs Runden in der Führmaschine, um nach dem Abspritzen trocken zu werden. Eine Runde in der Führmaschine ist 85 m lang. Wie viele Kilometer läuft jedes Pferd in einer Woche, wenn ein Tag ein Stehtag ist?

Stehtag

An einem Stehtag hat ein Pferd in einem Rennstall einen Ruhetag. Es bleibt im Stall und trainiert nicht. Wenn ein Pferd erkrankt ist, sind manchmal auch Stehtage notwendig.

Kapitänsaufgabe

Neuer Pferdestall

Ein Gestüt muss einen neuen Pferdestall bauen, weil sehr viele Reiter ihre Pferde dort unterstellen wollen. Der Besitzer des Gestüts plant einen Stall mit je 12 Pferdeboxen auf jeder Seite. Wie lang muss der Stall mindestens sein?

Welche Angabe fehlt zum Lösen der Aufgabe?

Denke dir eine passende Angabe aus. Dann kannst du diese Aufgabe mit deiner eigenen Angabe lösen.

Übung 16 – Reisende Singvögel

Forscher haben die Flugwege von Steinschmätzern verfolgt. Sie fanden heraus, dass diese im Winter von der Antarktis bis nach Afrika geflogen sind. Sie legten dabei eine Strecke von 14 400 km in 90 Tagen zurück. Im Frühjahr waren die Steinschmätzer sogar schneller. Sie schafften den Rückflug in 60 Tagen. Wie viele Kilometer pro Tag sind sie auf dem Hinflug geflogen und wie viele pro Tag auf dem Rückflug?

Steinschmätzer

Der Steinschmätzer ist ein Singvogel. Er ist kleiner als ein Rotkehlchen und wiegt gerade mal zwischen zwanzig und dreißig Gramm. Er ernährt sich von Insekten, aber auch von Schnecken und Regenwürmern. Im Sommer lebt der Steinschmätzer auf der nördlichen Erdhalbkugel. Da er im Winter dort keine Nahrung findet, fliegt er zum Überwintern in den Süden bis nach Afrika.

Übung 17 – Winzig

In Janas Tierlexikon sind die Tiere im Maßstab 3:1 abgebildet:
Milbe: 3 mm
Ameise: 2,4 cm
Stubenfliege: 2,1 cm
Wespe: 6 cm
Stechmücke: 1,8 cm
Wie groß sind die Tiere in Wirklichkeit?
Wie groß ist ein Marienkäfer in der Abbildung, der in Wirklichkeit 1,2 cm groß ist?

Achtung!

Maßstab 3:1 bedeutet:

3 cm in der Abbildung entsprechen 1 cm in der Wirklichkeit.

Kapitänsaufgabe

Seeschwalbe

Helena hat zum Geburtstag ein Abo für eine Tierzeitschrift bekommen. Sie freut sich jeden Monat besonders auf die großen Tierposter. Drei davon hat sie schon in ihrem Kinderzimmer aufgehängt. Diesen Monat ist die Seeschwalbe abgebildet, die Helena schon oft im Urlaub beobachtet hat. Das Tierposter zeigt die Seeschwalbe im Maßstab 4:1. Wie groß ist die Seeschwalbe auf dem Poster?

Welche Angabe fehlt zum Lösen der Aufgabe?

Besorge dir die fehlende Angabe. Dann kannst du diese Aufgabe mit deiner eigenen Angabe lösen.

2.3 Textaufgaben mit Gewichten

Gewichtsangaben addieren und subtrahieren

Gewichte kann man addieren und subtrahieren. Bevor man rechnet, muss man überprüfen, ob die Gewichte in der **gleichen Maßeinheit** stehen. Sonst muss man zuerst alle Angaben in die gleiche Maßeinheit umwandeln.

Beim **schriftlichen Addieren und Subtrahieren** muss man die Gewichte stellengerecht untereinanderschreiben.

3 kg 312 g + 452 g = **?**

	3 kg	312 g
+	0 kg	452 g
	3 kg	**764 g**

8 kg 891 g – 570 g = **?**

	8 kg	891 g
–	0 kg	570 g
	8 kg	**321 g**

Übung 1 – Kranker Hamster

Dilaras Hamster frisst schon seit Tagen kaum etwas. Am Montag hat er noch 167 g gewogen. Am Freitag wiegt er nur noch 98 g. Wie viel Gramm Gewicht hat er verloren?

Achtung!

So werden die Gewichtseinheiten abgekürzt:
Kilogramm = kg **Gramm = g**

So kannst du umrechnen: 1 kg = 1 000 g

Übung 2 – Ferienplanung

Volkan will für seinen Hund in den Urlaub besonderes Trockenfutter mitnehmen. In dem 15-kg-Sack Trockenfutter sind noch genau 12 kg 300 g enthalten. Für den Urlaub braucht Volkan höchstens 4 kg 550 g Trockenfutter. Wie viel Futter kann er zu Hause lassen?

Übung 3 – Winterschlaf

Ein Igel hat seinen Winterschlaf überstanden und wiegt jetzt nur noch 375 g. Vor dem Winterschlaf war sein Gewicht 500 g. Wie viel hat er an Gewicht verloren?

Achtung!

Auf Seite 15 findest du zehn Lösungsschritte, die dir beim Bearbeiten und Lösen von Textaufgaben helfen.

Übung 4 – Pferdetransport

Herr Ochser überlegt, ob er mit seinem Pferdeanhänger mit einem zulässigen Gesamtgewicht von 1,675 t seine beiden neuen Pferde zum Turnier transportieren kann. Der Anhänger wiegt leer 746 kg. Das eine Pferd wiegt 544 kg, das andere 632 kg. Für Ausrüstung und Futter rechnet Herr Ochser noch mit 35 kg. Wie viele Kilogramm hat er zu viel oder wie viele kann er noch zuladen?

Übung 5 – Ausgewachsen

Ein Blauwalkalb wird bei Geburt gewogen und wiegt 2 580 kg. Wie viel Gewicht muss es zunehmen, wenn ein ausgewachsener Blauwal 180 t wiegt?

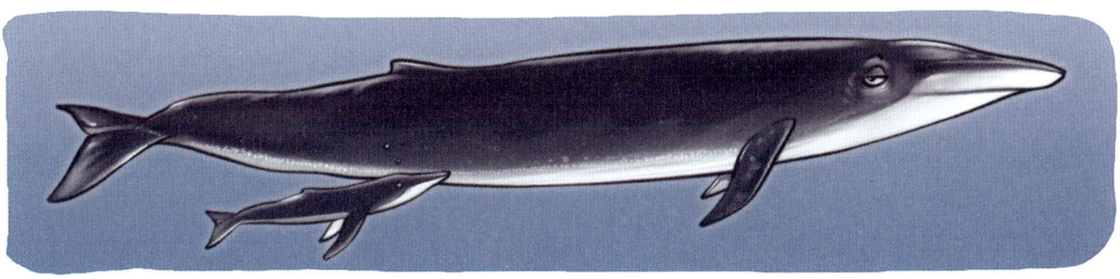

Blauwale

Blauwale gehören zu den größten und schwersten Tieren auf der Erde. Sie fressen täglich zwischen vier und acht Tonnen Plankton, das aus winzigsten Pflanzen und Tieren besteht, die mit bloßem Auge gar nicht zu erkennen sind. Als Säugetiere atmen die Blauwale Luft und müssen deshalb immer wieder zur Wasseroberfläche auftauchen. Man sieht es an den riesigen Fontänen, wenn sie die verbrauchte Luft ausstoßen.

Gewichtsangaben halbschriftlich multiplizieren und dividieren

Gewichte kann man halbschriftlich multiplizieren und dividieren. Dabei rechnet man schrittweise.

4 kg 134 g · 5 = **?**

4 kg · 5 = 20 kg
100 g · 5 = 500 g
30 g · 5 = 150 g
4 g · 5 = 20 g

20 kg + 500 g + 150 g + 20 g =
20 kg 670 g

15 kg 639 g : 3 = **?**

15 kg : 3 = 5 kg
600 g : 3 = 200 g
30 g : 3 = 10 g
9 g : 3 = 3 g

5 kg + 200 g + 10 g + 3 g =
5 kg 213 g

Übung 6 – Großeinkauf

Armin und sein Vater kaufen für ihre Katze sechs Paletten Katzenfutter. Eine Palette wiegt 1 kg 170 g. Wie viel wiegen sechs Paletten?

Übung 7 – Streichelzoo

In einem Streichelzoo werden an der Kasse Tüten mit Futter verkauft. Das Futter dürfen die Kinder den Tieren geben. Der Zoo füllt die Tüten selbst ab. Ein Beutel mit 1 kg Tierfutter reicht für acht Tüten. Wie viel Futter ist in einer Tüte, wenn jede Tüte gleich viel wiegt?

Gewichtsangaben schriftlich multiplizieren

Es gibt Textaufgaben, in denen man Gewichtsangaben in **Kommaschreibweise** multiplizieren muss. Man kann entweder die Angabe in eine kleinere Einheit umwandeln, sodass man keine Kommazahl hat, oder man multipliziert schriftlich in Kommaschreibweise.

3,75 t · 7 = **?**   3,75 t = 3 750 kg

Rechenweg 1:

3	7	5	0	kg	·	7					
			2	6	2	5	0	kg			
							=	**2**	**6,**	**2**	**5**	**t**

Rechenweg 2:

3,	7	5	t	·	7	
		2	**6,**	**2**	**5**	**t**

Auf das Komma kommt es an!

Übung 8 – Ganz schön schwer

Ein Zoo bekommt zwölfmal im Jahr Heu und Stroh geliefert. Jede Lieferung wiegt 8 250 kg. Wie viele Tonnen Heu und Stroh werden insgesamt angeliefert?

Achtung!

So werden die Gewichtseinheiten abgekürzt:

Tonne = t   **Kilogramm = kg**   **Gramm = g**

So kannst du Gewichtsangaben von einer Einheit in eine andere Einheit umrechnen:

1 t = 1 000 kg

1 kg = 1 000 g

Übung 9 – Schwergewichtig

Im Wuppertaler Zoo werden die Elefanten gewogen. Die dreiköpfige Familie wiegt zusammen 5 068 Kilo. Die Mutter Sabie wiegt 3 280 kg der kleine Elefant Uli wiegt 480 kg. Wie viel wiegt seine Schwester Tika?

Übung 10 – Eisbär Knut

Der Eisbär Knut wog im Dezember 2006 bei seiner Geburt 810 g. Nach drei Monaten wog er bereits das Zehnfache. Wie schwer war er im März 2007?

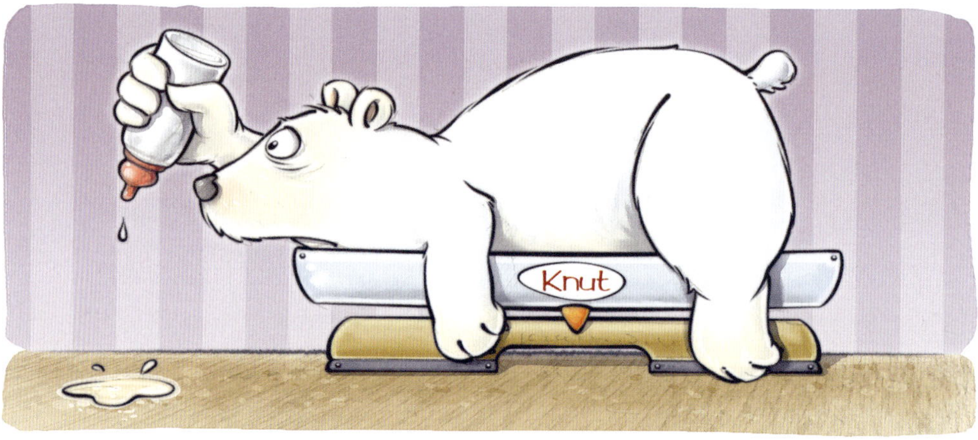

Eisbären

Eisbären sind sehr gut für ein Leben im Eis ausgerüstet. Die Haare ihres dichten, öligen und deshalb wasserabweisenden Fells sind innen hohl. Kleine Luftpolster in diesen Haaren halten den Eisbären warm. Auch eine dicke Fettschicht sorgt dafür, dass er es in der Kälte aushält. Eine schwarze Haut unter dem weißen Fell speichert zudem die Wärme.

Gewichtsangaben schriftlich dividieren

Es gibt Textaufgaben, in denen man Gewichtsangaben in **Kommaschreibweise** dividieren muss. Man kann entweder die Angabe in eine kleinere Einheit umwandeln, sodass man keine Kommazahl hat, oder man dividiert schriftlich in Kommaschreibweise.

2,720 t : 8 = **?** 2,720 t = 2 720 kg

Rechenweg 1:

2	7	2	0	kg	:	8	=	**3**	**4**	**0**	**kg**
2	4										
	3	2									
	3	2									
		0									

Rechenweg 2:

2,	7	2	0	t	:	8	=	**0,**	**3**	**4**	**0**	**t**
0												
2	7											
2	4											
	3	2										
	3	2										
		0										

Auf das Komma kommt es an!

Übung 11 – Das schwerste Tier

Ein Blauwal kann bis zu 200 t wiegen. Das Gewicht entspricht einem Gesamtgewicht von 5 000 Viertklässlern. Wie viele Kilogramm wiegt dann ein Viertklässler im Durchschnitt?

Übung 12 – Raubtierfütterung

In einem Zoo werden pro Monat 1,05 t Fleisch angeliefert. Der Zoo teilt das Fleisch in 60 gleich schwere Portionen auf und friert diese für die Raubkatzen ein. Wie viele Kilogramm wiegt eine Portion?

Übung 13 – Dreimal täglich

In einem Zoo wird Futter angeliefert. Es wiegt insgesamt 3,15 t. Das Futter wird bei Anlieferung portionsweise aufgeteilt. Es wird auf sieben Futterwagen mit je sechs Futtertonnen verteilt. Wie schwer ist eine Futterration in der Futtertonne?

Bruchteile von Gewichten

Es gibt Textaufgaben, in denen man mit **Bruchteilen** von Gewichten rechnen muss. Dafür unterteilt man zuerst ein Gesamtgewicht in gleich schwere Teile und nimmt dann so viele Teile davon, wie in der Aufgabe angegeben.

Beispiel:
Timos Hund braucht spezielles Diätfutter. Der Tierarzt empfiehlt, unter ein Kilogramm Trockenfutter $\frac{3}{4}$ Kilogramm Diätfutter zu mischen. Wie viel Gramm Diätfutter muss Timo abwiegen?

Rechnung: 1 kg = 1 000 g   1 000 g : 4 = 250 g
250 g · 3 = **750 g**

Antwort: Timo muss 750 g Diätfutter abwiegen.

Übung 14 – See-Elefant

Bei See-Elefanten ist das Gewicht von Männchen und Weibchen sehr unterschiedlich. Männchen wiegen ungefähr 3 500 kg. Wie schwer ist ein Weibchen, wenn es nur ein Viertel davon wiegt?

Übung 15 – Giraffenbaby

Ein Giraffenbaby wiegt den zwölften Teil des Gewichts seiner Mutter. Die Mutter wiegt 1,17 t. Wie schwer ist das Giraffenbaby?

Übung 16 – Winterschlaf

Igel haben nach dem Winterschlaf nur noch drei Viertel ihres Körpergewichts. Wie viel Gewicht hat ein Igel nach dem Winterschlaf, wenn er davor 820 g gewogen hat?

Igel

Ein ausgewachsener Igel hat 6 000 bis 8 000 Stacheln. Bei Gefahr kugelt er sich zu einem stacheligen Ball zusammen. So wird er nur selten zur Beute anderer Tiere. Der Igel ist in der Dämmerung und in der Nacht aktiv. Sein Name kommt aus dem Germanischen und bedeutet „Schlangenfresser". Das ist nämlich die Lieblingsspeise des Igels.

Mit Gewichtsangaben rechnen

Bei Textaufgaben mit Gewichtsangaben muss man genau überlegen, mit welchen **Rechenschritten** man das gesuchte Gewicht berechnen kann. Es können die vier Grundrechenarten vorkommen: Addition, Subtraktion, Multiplikation und Division.
Denke auch daran, bei jeder Gewichtsangabe die Maßeinheit (g, kg oder t) dazuzuschreiben.

Beispiel:
Wie viel wiegen drei ausgewachsene Robben und sieben Babyrobben zusammen, wenn eine Robbe bei Geburt ungefähr 25 kg wiegt und ausgewachsene Robben ungefähr 400 kg wiegen?

Rechnung: 7 · 25 kg = 175 kg
3 · 400 kg = 1 200 kg

  1 200 kg
+ 175 kg
1 375 kg

Antwort: Sie wiegen zusammen 1 375 kg.

Übung 17 – Hungrige Elefanten

In einem Elefantengehege leben sechs Elefanten. Jeder Elefant frisst pro Tag: 25 kg Heu, 30 kg Gras, 7 kg Stroh, 12 kg Obst, 4 kg Hafer und 8 kg Brot.
Wie viele Kilogramm Futter sind das insgesamt pro Tag für alle sechs Elefanten?

Kapitänsaufgabe

Nasenlöcher

In einem Fluss in Afrika schauen nur große und kleine Nasenlöcher, große und kleine Augen und große und kleine Ohren aus dem Wasser. Sie gehören zu einer Flusspferdmutter und ihrem Baby. Man kann sich gar nicht vorstellen, dass da Flusspferde mit ihrem schweren Gewicht untergetaucht sind. Die Flusspferdmutter ist 600-mal schwerer als ihr Baby. Wie schwer ist sie?

Welche Angabe fehlt zum Lösen der Aufgabe?

Besorge dir die fehlende Angabe. Dann kannst du diese Aufgabe mit deiner eigenen Angabe lösen.

Übung 18 – Tyrannosaurus Rex

Man geht davon aus, dass der Tyrannosaurus Rex etwa 9,5 t gewogen hat. Berechne zum Vergleich das Gewicht aller Personen der Schiller-Grundschule. Wie groß ist der Unterschied?

Klasse	Anzahl der Kinder	durchschnittliches Gewicht
1	42	25 kg
2	47	30 kg
3	64	35 kg
4	67	40 kg

weitere Personen	Anzahl	durchschnittliches Gewicht
Lehrerinnen/ Sekretärin	8	62 kg
Lehrer/ Hausmeister	5	78 kg

Kapitänsaufgabe

Eisbärenbaby

In einem Wildpark in Dänemark wurde das Eisbärenbaby Siku geboren. Die Eisbärin konnte nicht genug Milch produzieren, um ihr Baby durchzubringen. Deshalb griffen Pfleger des Wildparks ein und gaben dem Eisbärenbaby die Flasche. Innerhalb von fünf Wochen hatte Siku sein Geburtsgewicht verdoppelt. Wie schwer war Siku nach fünf Wochen?

Welche Angabe fehlt zum Lösen der Aufgabe?

Besorge dir die fehlende Angabe. Dann kannst du diese Aufgabe mit deiner eigenen Angabe lösen.

2.4 Textaufgaben mit Rauminhalten

Bruchteile von Rauminhalten

Es gibt Textaufgaben, in denen man mit **Bruchteilen** von Flüssigkeiten rechnen muss. Dafür unterteilt man zuerst die Füllmenge in gleich große Teile und nimmt dann so viele Teile davon, wie in der Aufgabe angegeben.

Beispiel:
Frau Huber füllt ihrem Hund jeden Morgen $\frac{3}{4}$ l Wasser in den Wassernapf. Wie viele Milliliter sind das?

Rechnung: 1 l = 1 000 ml 1 000 ml : 4 = 250 ml
250 ml · 3 = **750 ml**

Antwort: Das sind 750 ml.

Übung 1 – Katzenmutter

Majas Katze hat Junge bekommen. Maja kauft acht Pakete Katzenmilch zu je $\frac{1}{4}$ l. Wie viele Liter sind das?

Achtung!

So werden die Maßeinheiten von Rauminhalten abgekürzt:
Liter = l Milliliter = ml

So kannst du Rauminhalte umrechnen: 1 l = 1 000 ml

Übung 2 – Wochenbedarf

Berechne, wie viele Milliliter Flüssigkeit Wasser jedes Tier zu seiner Nahrung in einer Woche ungefähr trinkt.

Tier	Wochenbedarf
Meerschweinchenweibchen	$\frac{1}{2}$ l
Meerschweinchenmännchen	$\frac{3}{4}$ l
Kaninchen	$1\frac{1}{4}$ l
Graupapagei	$\frac{1}{8}$ l

Achtung!

Auf Seite 15 findest du zehn Lösungsschritte, die dir beim Bearbeiten und Lösen von Textaufgaben helfen.

Kapitänsaufgabe

Wasservorrat

Kamele können auf Vorrat Wasser speichern. Damit überstehen sie eine Durstperiode von bis zu zwei Wochen. Ein Kamel kann auch in relativ kurzer Zeit sehr viel trinken.
Familie Durstig verbraucht in einer Woche fünf Kästen Wasser. Das ist nur $\frac{1}{3}$ von dem, was ein Kamel in einer Viertelstunde trinken kann. Wie viele Liter sind das?

Welche Angabe fehlt zum Lösen der Aufgabe?

Denke dir eine passende Angabe aus. Dann kannst du diese Aufgabe mit deiner eigenen Angabe lösen.

Mit Rauminhalten rechnen

Bei Textaufgaben mit Rauminhalten muss man genau überlegen, mit welchen **Rechenschritten** man die gesuchte Füllmenge berechnen kann. Es können die vier Grundrechenarten vorkommen: Addition, Subtraktion, Multiplikation und Division.
Denke auch daran, bei jedem Rauminhalt die Maßeinheit (ml oder l) dazuzuschreiben.

Beispiel:
Eine Kuh gibt im Jahr durchschnittlich 6 000 l Milch. Das reicht für 20 Menschen, um den Jahresbedarf an Milchprodukten herzustellen. Wie viele Liter Rohmilch braucht man im Jahr für eine vierköpfige Familie?

Rechnung: 6 000 l : 20 = 300 l
300 l · 4 = **1 200 l**

Antwort: Für eine vierköpfige Familie braucht man 1 200 l Rohmilch.

Übung 3 – Wasserträger

Björn und sein großer Bruder Lukas füllen Wasser in ihr neues Aquarium. Lukas nimmt dazu die Gartengießkanne, die fünf Liter fasst. Björn benutzt die Blumengießkanne mit 1,8 Litern. Beide füllen ihre Kannen sechsmal. Wie viele Liter fehlen noch, wenn im Aquarium 65 l sein müssen?

Übung 4 – Durstig

In einem Elefantengehege mit acht Elefanten wird der Wassertank jeden Morgen gefüllt. Der Tank fasst 1 500 l. Ein Elefant säuft täglich 145 l Wasser. Wie viel Wasser ist am Abend noch im Tank?

Elefanten

Es gibt Afrikanische und Indische Elefanten. Die afrikanischen Elefanten sind die größten auf dem Land lebenden Säugetiere. Elefanten fressen nur Pflanzen und sind sehr gute Schwimmer. Eine Elefantenherde besteht normalerweise aus ungefähr acht erwachsenen Weibchen mit ihren Kindern. Geführt wird solch eine Herde immer von einem erfahrenen Weibchen. Die Männchen halten sich abseits und leben einzeln oder in Junggesellengruppen.

Kapitänsaufgabe

Füllmenge

Björn besucht mit seinen Eltern einen Zoo. Vor dem Robbenbecken fragt er seinen Vater, wie viele Liter Wasser wohl in dem Becken sind. Sein Vater schätzt, dass darin mindestens die dreitausendfache Wassermenge ist wie in Björns Aquarium zu Hause. Wie viele Liter Wasser sind in dem Robbenbecken?

Welche Angabe fehlt zum Lösen der Aufgabe?

Denke dir eine passende Angabe aus. Dann kannst du diese Aufgabe mit deiner eigenen Angabe lösen.

2.5 Textaufgaben mit Zeitangaben

Zeitpunkte und Zeitspannen bestimmen

Der **Zeitpunkt** gibt an, wann etwas beginnt oder aufhört.
Die **Zeitspanne** gibt an, wie lange etwas dauert.

9.00 Uhr	+ 4 Stunden (h) →	**13.00 Uhr**
Zeitpunkt	Zeitspanne oder Zeitdauer	Zeitpunkt

Übung 1 – Krank

Mia hat um 14.25 Uhr einen Termin beim Tierarzt. Ihre Katze braucht eine Infusion. Mia kann ihre Katze um 17.30 Uhr wieder abholen. Wie lange war die Katze beim Arzt?

Achtung!

Die Zeit wird auch in **Jahren, Monaten, Wochen** und **Tagen** gemessen.

1 Jahr = 12 Monate
1 Monat dauert zwischen 28 und 31 Tage
1 Woche = 7 Tage
1 Tag = 24 Stunden (h)

Übung 2 – Geschlüpft

Küken von Hühnern schlüpfen nach 21 Tagen Brutzeit aus. An welchem Datum schlüpfen die Küken, wenn die Henne am 28. Mai zu brüten beginnt?

Achtung!

Auf Seite 15 findest du zehn Lösungsschritte, die dir beim Bearbeiten und Lösen von Textaufgaben helfen.

Übung 3 – Hungrig

Im Kölner Zoo werden jeden Tag um 12.15 Uhr Fischotter, Erdmännchen und Waschbären gefüttert. Vier Stunden später werden sie noch einmal gefüttert. Ergänze das Plakat.

Erdmännchen

Erdmännchen gehören zur Familie der Schleichkatzen. Sie leben in Südafrika. Erdmännchen sind Tagtiere. Sie bilden Wohngemeinschaften und fressen, schlafen und sonnenbaden gemeinsam. Ein Erdmännchen aus einer Wohngemeinschaft hält immer Wache, damit den anderen nichts passiert.

Kapitänsaufgabe

Allergisch

Miriam besucht mit ihren Eltern in den Sommerferien ihre Tante. Leider kann Miriam ihren Hund Struppi nicht mitnehmen, weil ihre Tante allergisch gegen Tierhaare ist. Deshalb lässt Miriam Struppi bei ihrer Freundin Lilly. Am 3. August muss Miriam sich von Struppi trennen. Wann holt sie Struppi wieder ab?

Welche Angabe fehlt zum Lösen der Aufgabe?

Denke dir eine passende Angabe aus. Dann kannst du diese Aufgabe mit deiner eigenen Angabe lösen.

Zeitpunkte und Zeitspannen berechnen

Der **Zeitpunkt** gibt an, wann etwas beginnt oder aufhört.
Die **Zeitspanne** gibt an, wie lange etwas dauert.

Beim Ausrechnen von einem Zeitpunkt oder einer Zeitspanne hilft ein Pfeilbild oder ein Rechenstrich.

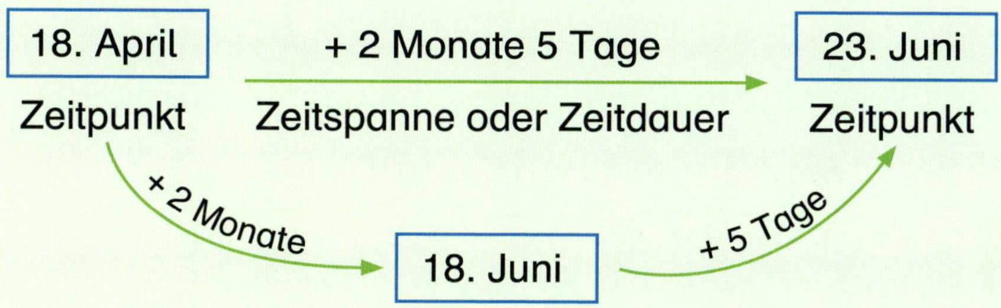

Achtung!

1 Jahr = 12 Monate = 365 Tage oder 366 Tage
1 Monat dauert zwischen 28 und 31 Tage
1 Woche = 7 Tage
1 Tag = 24 Stunden (h)
1 Stunde = 60 Minuten (min)
1 Minute = 60 Sekunden (sec)

Übung 4 – Längste Tragezeit

Eine Elefantenkuh ist am 25. Mai 2010 schon einen Monat trächtig. Wann ist der Geburtstermin des Elefantenbabys, wenn die Tragezeit 22 Monate beträgt?

Übung 5 – Blind

Murmeltiere öffnen nach der Geburt ihre Augen erst nach 20 bis 22 Tagen. Wann können acht Junge, die am 18. Mai geboren worden sind, frühestens ihre Augen öffnen?

Übung 6 – Fuchsnachwuchs

Eine Füchsin ist seit dem 19. Februar trächtig und bringt am 10. April fünf Junge zur Welt. Wie lange dauert die Tragezeit?

Kapitänsaufgabe

Schlafmütze

Siri muss vor Schultagen abends um 20.30 Uhr ins Bett. Der Wecker klingelt an Schultagen um 7.00 Uhr. Am Wochenende darf sie bis 22 Uhr aufbleiben. Eine Fledermaus schläft in einer Woche insgesamt 133 Stunden. Wie viele Stunden schläft eine Fledermaus mehr als Siri?

Welche Angabe fehlt zum Lösen der Aufgabe?

Denke dir eine passende Angabe aus. Dann kannst du diese Aufgabe mit deiner eigenen Angabe lösen.

Übung 7 – Eier im Erdloch

Am 26. Oktober gräbt eine Riesenschildkröte ein Erdloch und legt dort 13 Eier ab. Wann schlüpfen die jungen Schildkröten aus, wenn die normale Brutzeit 240 Tage beträgt?

Übung 8 – Kuckucksei

Ein Kuckucksweibchen legt am 23. Mai ein Ei in ein fremdes Nest. Nach 12 Tagen schlüpft das Kuckuckskind. Nach zwei bis vier Tagen verlässt der junge Kuckuck das erste Mal das Nest. Nach weiteren 32 Tagen ist er selbstständig. An welchem Datum ist das?

Kuckuck

Das Kuckucksweibchen legt meist zehn Eier in verschiedene fremde Nester. Die ahnungslosen Vögel brüten dieses fremde Ei, nämlich das Kuckucksei, aus. Sobald der Kuckuck nach zwölf Tagen geschlüpft ist, wirft er alle anderen Eier oder Jungvögel aus dem Nest und lässt sich allein von den Vogeleltern füttern.

Übung 9 – Quak, quak

Am 17. März legt ein Grasfroschweibchen seine Eier, die man auch Laich nennt, in einem Teich ab. Die Laichphase dauert drei Wochen. Es entstehen Kaulquappen. Nach 45 Tagen entwickeln sich langsam die Beine. Die Entwicklung vom Ei zum Frosch dauert insgesamt 90 Tage. Wann hüpft der Frosch zum ersten Mal an Land?

Übung 10 – Welpen

Ferdinand möchte gerne einen Labradoodle. Er will einen Welpen aus dem nächsten Wurf. Am 7. Juni ruft endlich der Züchter an, dass am Tag zuvor die Welpen geboren wurden. Am Wochenende fährt Ferdinand mit seinen Eltern die Welpen anschauen. Sie sind alle ganz niedlich. Er entscheidet sich für eine kleine braune Labradoodlehündin. Leider kann er sie noch nicht mit nach Hause nehmen, weil sie insgesamt zwei Monate von ihrer Mutter gesäugt wird. Wann kann Ferdinand seine kleine Hündin abholen?

Kapitänsaufgabe

Katzenbaby

Lillys Katze Molli wirft am 12. Mai sieben Junge. Lillys Freund Darius hat sich gleich den kleinen getigerten Kater ausgesucht. Leider kann er ihn noch nicht sofort mitnehmen. Der kleine Kater muss so lange bei seiner Mutter bleiben, bis er nicht mehr gesäugt wird. Wann darf Darius den kleinen Kater mit zu sich nach Hause nehmen?

Welche Angabe fehlt zum Lösen der Aufgabe?

Besorge dir die fehlende Angabe. Dann kannst du diese Aufgabe mit deiner eigenen Angabe lösen.

3.1 Vermischte Textaufgaben

Mit verschiedenen Maßeinheiten rechnen

Es gibt Textaufgaben mit Angaben aus mehr als einem Größenbereich (z. B. Geld, Längen, Zeit). Deshalb muss man genau auf die **verschiedenen Maßeinheiten** achten und diese beim Rechnen immer mit aufschreiben.

Beispiel:
Lisa und vier Freundinnen nehmen an einem Sponsorenlauf für die Renovierung des Tierheims teil. Für jeden gelaufenen Kilometer werden 2 € gespendet. Die Fünf sind insgesamt 37 km gelaufen. Wie viel Geld haben sie erlaufen?

Rechnung: 37 (km) · 2 € = **74 €**

Antwort: Sie haben 74 € erlaufen.

Übung 1 – Sponsorenlauf

Linus hat an dem Sponsorenlauf für die Renovierung des Tierheims teilgenommen. Er hat 24 € erlaufen. Wie viele Kilometer ist er gelaufen, wenn für einen Kilometer 2 € gespendet wurden?

Achtung!

Du musst beim Lösen von Aufgaben mit mehreren Maßeinheiten in einer Aufgabe ganz genau auf die Frage achten.

Übung 2 – Mehr Platz

Fatima möchte einen größeren Vogelkäfig für ihren Wellensittich kaufen. Der Käfig kostet 55 €. Sie spart jeden Monat 3 € von ihrem Taschengeld. Ihr Opa hat ihr schon 25 € gegeben. Wie viele Monate muss Fatima sparen?

Übung 3 – Dressurreiten

Zoe möchte später einmal Dressurreiterin werden. Deshalb trainiert sie dreimal die Woche von 15.15 Uhr bis 15.45 Uhr. Ihre Eltern zahlen der Trainerin jeden Monat (für vier Wochen) 72 €. Wie viel kostet eine halbe Stunde Training?

Achtung!

Auf Seite 15 findest du zehn Lösungsschritte, die dir beim Bearbeiten und Lösen von Textaufgaben helfen.

Verschiedene Maßeinheiten anwenden

Es gibt Textaufgaben mit Angaben aus mehr als einem Größenbereich (Geld, Längen, Gewicht, Rauminhalte, Zeit). Deshalb muss man genau auf die **verschiedenen Maßeinheiten** achten und diese beim Rechnen immer mit aufschreiben.

Beispiel:
Frau Bell kauft für ihren Welpen Beppo Trockenfutter. Er frisst pro Tag 200 g. Das Futter wird in Beuteln zu 14 kg für 34,80 € angeboten. Wie teuer ist das Futter für sieben Tage?

Rechnung: 7 · 200 g = 1 400 g

Gewicht	14 kg	1 400 g
Preis	34,80 €	3,48 €

Antwort: Das Futter kostet für sieben Tage 3,48 €.

Übung 4 – Fleißig

Ein Maulwurf gräbt in einer Minute einen Gang von ungefähr 20 cm Länge. Wie viele Meter Gang gräbt er in einer Stunde? Wie viele Meter gräbt der Maulwurf in einer Woche, wenn er pro Tag drei Stunden gräbt?

Achtung!

Du musst beim Lösen von Aufgaben mit mehreren Maßeinheiten in einer Aufgabe auf die entsprechenden Umwandlungszahlen achten.

Übung 5 – Eingezäunt

Familie Sturm will im Garten ein Kaninchengehege für ihre beiden Kaninchen bauen. Das Gehege soll 1 m 60 cm lang und 1,20 m breit sein. Die Familie überlegt, ob sie das Gehege selbst bauen soll, da sie die Eckpfosten schon in der Garage liegen hat, oder ob sie ein fertiges Gehege kaufen soll. Ein Meter Zaun kostet 1,45 €. Im Internet wird ein Freigehege für 8,99 € angeboten. Was ist günstiger?

Übung 6 – Welpenschule

Nic hat einen kleinen Hund bekommen. Er besucht mit ihm einen Kurs in der Welpenschule, damit der Hund erzogen wird. Seine Eltern bezahlen dafür 75 €. Der Kurs umfasst zehn Einheiten zu je 1,5 Stunden. Wie viel kostet eine Stunde?

Übung 7 – Durstig

Ein Elefantenbaby wird etwa fünf Jahre lang gesäugt. Es trinkt pro Tag 10 l Muttermilch. Wie viele Liter Muttermilch sind das in fünf Jahren? (Rechne mit 365 Tagen pro Jahr.)

Übung 8 – Endlich satt

In einem Zoo leben vier Elefantenbullen. Jeder von ihnen frisst pro Tag 30 kg Heu, 10 kg Karotten und 8 kg Brot. Der Zoo kauft das Heu in 200-kg-Ballen. Ein Ballen kostet 42 €. Die Karotten werden in Säcken zu je 25 kg geliefert. Ein Sack kostet 2,50 €. Für das Brot zahlt der Zoo an eine Großbäckerei pro Monat 150 €. Wie teuer ist das Futter für die Elefantenbullen für 30 Tage?

Übung 9 – Schneller Flug

Tauben können sehr schnell fliegen. Deshalb hat man sie früher als Briefbeförderer eingesetzt. Auch heute gibt es noch Brieftaubenwettbewerbe. Eine Taube kann bis zu 185 km/h fliegen. Wie weit kommt sie mit dieser Geschwindigkeit, wenn sie viereinhalb Stunden ohne Unterbrechung fliegt?

Brieftauben

Tauben sind sehr geschickte Flieger. Sie können über 185 km/h schnell und sehr ausdauernd fliegen. Tauben dienten dem Menschen schon vor über 2 000 Jahren als „Briefträger“. Auch heute noch gibt es Brieftauben, die von ihren Besitzern mit einer Botschaft in einer kleinen Rolle, die am Bein des Tieres befestigt wird, an verschiedene Orte geschickt werden. Es ist noch immer nicht ganz genau geklärt, wie Tauben über Hunderte oder Tausende von Kilometern in ihre Heimat zurückfinden können.

1 Textaufgaben ohne Größen

1.1 Anzahlen bestimmen

Ü1 S. 16
38 + 27 = 65
Es sind insgesamt 65 Vögel.

Ü2 S. 16
15 + 23 + 12 + 18 + 8 + 23 = 99
Er hatte 99 Patienten.

Ü3 S. 17
3 + 1 + 12 + 7 + 6 + 2 + 13 + 7 + 7 = 58
Es sind insgesamt 58 Vögel.

Ü4 S. 18
53 – 16 = 37
37 Kaulquappen dürfen gleich zurück.

Ü5 S. 18
38 – 26 = 12
Es bleiben 12 Pferde im Stall.

Ü6 S. 19
217 + 339 + 325 = 881
Es wurden 881 Blaumeisen gezählt.

Ü7 S. 20
84 + 132 + 166 + 137 + 94 = 613
Es nehmen 613 Brieftauben aus Deutschland teil.

Ü8 S. 20
Erster Tag: 44 + 197 + 302 = 943
Zweiter Tag: 98 + 596 + 238 = 932
Am ersten Tag werden 943 und am zweiten Tag werden 932 Hunde ausgestellt.

Ü9 S. 21
147 947 + 117 971 + 151 217 = 417 135
Es wurden 417 135 Vögel beobachtet und gezählt.

Ü10 S. 22
923 – 585 = 338
Es wurden 338 Hunde betreut.

Ü11 S. 22
621 – 289 = 332
Es leben 332 weibliche Gänse auf dem Bauernhof.

Ü12 S. 23
36 658 – 9 164 = 27 494
Im Jahr 2011 flogen 27 494 Kraniche mehr über Deutschland als im Jahr 2010.

Ü13 S. 24
595 000 – 270 000 = 325 000
595 000 – 350 000 = 245 000
Der Unterschied zur niedrigsten Schätzung beträgt 325 000 und der Unterschied zur höchsten Schätzung beträgt 245 000 Kaiserpinguine.

Ü14 S. 25
6 · 7 = 42
In einer Woche fressen die Hasen 42 Karotten.

Ü15 S. 25
8 · 8 = 64
Es krabbeln 64 Beine im Terrarium.

Ü16 S. 26
24 : 4 = 6
Es sind sechs Kätzchen.

Ü17 S. 26
46 : 5 = 9 Rest 1
Es bleibt ein Foto übrig.

Ü18 S. 27
24 : 3 = 8   8 : 2 = 4
Jede Geweihstange hat vier Enden.

Ü19 S. 28
50 · 13 = 650
Es sind ungefähr 650 Ameisen.

Ü20 S. 28
6 · 15 = 90
Er hat insgesamt 90 Maden bestellt.

Ü21 S. 29
126 : 3 = 42
In jedem Stall sind 42 Boxen.

Ü22 S. 30
5 · 127 = 635
Man kann sich über 635 Pferde informieren.

Ü23 S. 31
45 000 · 13 = 585 000
Der Imker hat insgesamt etwa 585 000 Bienen.

Ü24 S. 31
2 000 · 16 = 32 000
Das sind insgesamt 32 000 Muscheln.

Ü25 S. 32
313 172 : 4 = 78 293
Im Jahr 2010 gab es in Mannheim 78 293 Haustiere.

Ü26 S. 33
1 824 : 8 = 228   228 : 4 = 57
Der Hufschmied hat jedes Mal 57 Pferde beschlagen.

Ü27 S. 34
100 – 30 = 70
Dem Hundertfüßler müssten noch 70 Beine wachsen.

Ü28 S. 35
43 · 4 = 172   1 000 – 172 = 828   828 : 4 = 207
Dieser Tausendfüßler hat 172 Beine und ihm müssten noch 207 Segmente wachsen.

Ü29 S. 35
36 + 20 + 110 = 166   900 – 166 = 734
734 Tierarten sind nicht aufgezählt.

K S. 36
Es fehlt die Angabe, wie viele Männer das Elefantenbaby besuchten.

Ü30 S. 37
839 + 363 + 271 + 237 + 143 + 139 + 127 + 120 + 108 + 103 = 2 450
3 106 – 2 450 = 656
Es wurden insgesamt noch 656 andere Vögel gezählt.

Ü31 S. 38
1 138 + 794 + 115 + 21 + 673 = 2 741
673 – 35 = 638   638 : 2 = 319
Insgesamt waren es 2 741 Tiere. 319 davon waren Vögel.

K S. 39
Es fehlt die Angabe, wie viele Federn der Rubinkehlkolibri hat.

2 Textaufgaben mit Größen

2.1 Textaufgaben mit Geldbeträgen

Ü1 S. 40
24 € – 9 € – 7 € = 8 €
Johann hat noch 8 € übrig.

Ü2 S. 41
27 € + 7 € + 16 € + 20 € + 8 € + 3 € = 81 €
In der Klassenkasse müssen mindestens 81 € sein.

Ü3 S. 42
34,50 € + 14,80 € + 3,45 € + 5,50 € + 6,50 € = 64,75 €
Die Anschaffungskosten betragen 64,75 €.

Ü4 S. 43
225 € + 780 € + 1 800 € + 180 € + 360 € = 3 345 €
Die Eltern können Majas Wunsch erfüllen, denn die jährlichen Kosten liegen bei 3 345 €, also unter 3 500 €.

Ü5 S. 43
49 500,00 € + 37 500,00 € + 102 000,50 € + 11 500,50 € + 3 420,50 € + 75,20 € + 187,75 € + 3 420,50 €
= 207 604,95 €
350 000,00 € – 207 604,95 € = 142 395,05 €
Es fehlen noch 142 395,05 €.

Ü6 S. 44
6 € · 8 = 48 €
Das Material für acht Nistkästen kostet 48 €.

Ü7 S. 44
Katzensnacks: 3 € : 3 = 1 € Nassfutter: 12 € : 6 = 2 €
Ein Beutel Katzensnacks kostet 1 € und eine Dose Nassfutter kostet 2 €.

Ü8 S. 45
Grünfutter: 1,45 € · 4 = 5,80 €
Heu: 1,15 € · 4 = 4,60 €
Streu: 1,10 € · 4 = 4,40 €
5,80 € + 4,60 € + 4,40 € = 14,80 €
Die Gesamtkosten für vier Wochen betragen 14,80 €.

Ü 9 S. 46
95,00 € : 4 = 23,75 €
Die vierteljährliche Rate beträgt 23,75 €.

Ü 10 S. 47
2,50 € · 83 = 207,50 €
Die Klasse 3a hat 207,50 € eingenommen.

Ü 11 S. 48
36,80 € : 8 = 4,60 €
Das Geld, das Lilli spart, reicht nicht für das Geschenk.
Sie müsste pro Monat 4,60 € sparen.

Ü 12 S. 49
1,29 € · 2 = 2,58 € 2,58 € – 2,45 € = 0,13 €
Dilara spart 13 Cent, wenn sie den Sechserpack kauft.

K S. 50
Es fehlt die Preisangabe für ein Paket Hirsekolben.

Ü 13 S. 51
2,99 € · 2 = 5,98 € 12,78 € · 2 = 25,56 €
2,15 € · 3 = 6,45 € 7,80 € · 2 = 15,60 €
5,98 € + 25,56 € + 6,45 € + 15,60 € = 53,59 €
70,00 € – 53,59 € = 16,41 €
Said bekommt 16,41 € zurück.

Ü 14 S. 51
2,50 € · 3 = 7,50 € 7,50 € – 0,75 € = 6,75 €
6,75 € · 4 = 27,00 €
Joshua hat nach vier Wochen noch 27 € von seinem verdienten Geld übrig.

Ü 15 S. 52
189,30 € – 85,00 € = 104,30 €
104,30 € : 7 = 14,90 €
Marlene müsste jeden Monat 14,90 € sparen.
139,60 € – 85,00 € = 54,60 €
54,60 € : 7 = 7,80 €
Für das Angebot im Internet müsste sie monatlich nur 7,80 € sparen.

K
S. 53
Es fehlt die Angabe, wie lange Petro die Katze versorgt.

Ü16
S. 54
0,90 € · 24 = 21,60 € 1,30 € · 15 = 19,50 €
21,60 € + 19,50 € + 8,70 € = 49,80 €
49,80 € : 3 = 16,60 €
Jede Klasse muss 16,60 € bezahlen.

Ü17
S. 55
13,00 € + 1,50 € + 0,50 € = 15,00 € 15 € · 12 = 180 €
Carlas Eltern müssen insgesamt 180 € bezahlen.

Ü18
S. 56
Eintritt: 8,20 € · 2 = 16,40 € 4,10 € · 14 = 57,40 €
Zooschule: 8 Kinder: 30 € 6 Kinder: 4,50 € · 6 = 27 €
16,40 € + 57,40 € + 30 € + 27 € = 130,80 €
Adrians Eltern müssen insgesamt 130,80 € bezahlen.

K
S. 57
Es fehlt die Angabe, wie viele Kinder mitfahren.

2.2 Textaufgaben mit Längenangaben

Ü1
S. 59
Fatimas Schnecke: 48 cm
Atais Schnecke: 48 cm – 12 cm = 36 cm
Lenas Schnecke: 36 cm + 8 cm = 44 cm
Olafs Schnecke: 44 cm – 17 cm = 27 cm

Ü2
S. 61
Unterschied von Tims Spannweite
zum Albatros: 3,60 m – 1,47 m = 2,13 m
zum Condor: 3,20 m – 1,47 m = 1,73 m
zum Schwan: 2,75 m – 1,47 m = 1,28 m

Ü3
S. 62
302 cm + 302 cm + 217 cm + 217 cm = 1 038 cm = 10,38 m
12,50 m – 10,38 m = 2,12 m
Es bleiben noch 2,12 m Drahtzaun von der Rolle übrig.

Ü 4 S. 63
4,7 km + 0,8 km + 1,2 km + 0,8 km + 1,2 km + 4,7 km
= 13,4 km
Senep ist mit ihrer Klasse 13,4 km gelaufen.

Ü 5 S. 64
Laura: 12 km
Feldhase: 12 km · 6 = 72 km
Wildkaninchen: 72 km : 2 = 36 km
In einer Stunde kann ein Feldhase 72 km laufen, ein Wildkaninchen schafft nur 36 km.

Ü 6 S. 65
26 cm · 8 = 208 cm = 2,08 m
Die Stange muss mindestens 2,08 m lang sein.

Ü 7 S. 65
2,70 m · 6 = 16,20 m
Die Zwinger sind insgesamt 16,20 m breit.

Ü 8 S. 66
31,50 m : 7 = 4,50 m
Eine Box kann 4,50 m breit werden.

Ü 9 S. 67
1,50 m · 18 = 27,00 m
Ein Blauwal ist 27 m lang.

Ü 10 S. 68
41 600 km : 80 = 520 km
Die Küstenseeschwalben fliegen im Durchschnitt 520 km pro Tag.

Ü 11 S. 69
1,15 m · 3 = 3,45 m
Ein Delfin erreicht ungefähr eine Körperlänge von 3,45 m.

Ü 12 S. 70
13,50 m : 3 = 4,50 m   4,50 m · 2 = 9,00 m
Bei Geburt hatte der Pottwal eine Körperlänge von 9,00 m.

Ü 13 S. 70
Zweiter Sprung: 100 cm : 5 = 20 cm   20 cm · 4 = 80 cm
Dritter Sprung: 80 cm : 5 = 16 cm   16 cm · 4 = 64 cm
100 cm + 80 cm + 64 cm = 244 cm = 2,44 m
Nach drei Sprüngen ist der Frosch 2,44 m weit gesprungen.

K
S.71
Es fehlt die Angabe, welche Strecke die Löwen nachts laufen.

Ü14
S.72
16 m · 3 = 48 m   48 m · 2 = 96 m
In einer Woche trainieren die Hunde 96 m.

K
S.73
Es fehlt die Angabe, wie lang die Strecke am Fluss ist.

Ü15
S.74
Zobel: 1 200 m · 3 = 3 600 m   85 m · 6 = 510 m
3 600 m + 510 m = 4 110 m
4 110 m · 6 = 24 660 m = 24,660 km
Dosimo: 1 200 m · 2 = 2 400 m   2 400 m + 510 m = 2 910 m
2 910 m · 6 = 17 460 m = 17,460 km
Basima: 1 200 m · 1,5 = 1 800 m   1 800 m + 510 m = 2 310 m
2 310 m · 6 = 13 860 m = 13,860 km
In einer Woche läuft Zobel 24,660 km, Dosimo läuft 17,460 km und Basima läuft 13,860 km.

K
S.75
Es fehlt die Angabe, wie breit eine Pferdebox ist.

Ü16
S.76
14 400 km : 90 = 160 km   14 400 km : 60 = 240 km
Sie sind auf dem Hinweg täglich 160 km und auf dem Rückweg täglich 240 km geflogen.

Ü17
S.77
Größe der Tiere in Wirklichkeit:
Milbe: 3 mm : 3 = 1 mm
Ameise: 24 mm : 3 = 8 mm
Stubenfliege: 21 mm : 3 = 7 mm
Wespe: 60 mm : 3 = 20 mm
Stechmücke: 18 mm : 3 = 6 mm
Marienkäfer: 1,2 cm · 3 = 3,6 cm
Der Marienkäfer ist in der Abbildung 3,6 cm groß.

K S. 78 Es fehlt die Angabe, wie groß eine Seeschwalbe in Wirklichkeit ist.

2.3 Textaufgaben mit Gewichten

Ü1 S. 79
167 g – 98 g = 69 g
Der Hamster hat 69 g Gewicht verloren.

Ü2 S. 80
12,300 kg – 4,550 kg = 7,750 kg
Er kann 7,750 kg Futter zu Hause lassen.

Ü3 S. 80
500 g – 375 g = 125 g
Der Igel hat 125 g an Gewicht verloren.

Ü4 S. 81
746 kg + 544 kg + 632 kg + 35 kg = 1 957 kg = 1,957 t
1,957 t – 1,675 t = 0,282 t = 282 kg
Er hat 282 kg zu viel.

Ü5 S. 81
180,000 t – 2,580 t = 177,420 t
Es muss 177 t 420 kg zunehmen.

Ü6 S. 82
1,170 kg · 6 = 7,020 kg
Die sechs Paletten wiegen 7,020 kg.

Ü7 S. 82
1 000 g : 8 = 125 g
Eine Tüte enthält 125 g Futter.

Ü8 S. 83
8,250 t · 12 = 99 t
Insgesamt werden 99 t Heu und Stroh angeliefert.

Ü9 S. 84
5 068 kg – 3 280 kg – 480 kg = 1 308 kg
Tika wiegt 1 308 kg.

Ü10 S. 84
810 g · 10 = 8 100 g = 8,100 kg
Im März 2007 war er 8 kg 100 g schwer.

Ü 11
S. 85
200 000 kg : 5 000 = 40 kg
Das Durchschnittsgewicht eines Viertklässlers beträgt 40 kg.

Ü 12
S. 86
1 050 kg : 60 = 17,5 kg
Eine Portion wiegt 17,5 kg.

Ü 13
S. 86
3 150 kg : 7 = 450 kg   450 kg : 6 = 75 kg
In einer Futtertonne sind 75 kg Futter.

Ü 14
S. 87
3 500 kg : 4 = 875 kg
Ein Weibchen ist 875 kg schwer.

Ü 15
S. 88
1 170 kg : 12 = 97,5 kg
Das Giraffenbaby wiegt 97,5 kg.

Ü 16
S. 88
820 g : 4 = 205 g   205 g · 3 = 615 g
Der Igel wiegt nach dem Winterschlaf noch 615 g.

Ü 17
S. 89
Heu: 25 kg · 6 = 150 kg   Gras: 30 kg · 6 = 180 kg
Stroh: 7 kg · 6 = 42 kg   Obst: 12 kg · 6 = 72 kg
Hafer: 4 kg · 6 = 24 kg   Brot: 8 kg · 6 = 48 kg
150 kg + 180 kg + 42 kg + 72 kg + 24 kg + 48 kg = 516 kg
Die sechs Elefanten brauchen täglich insgesamt 516 kg Futter.

K
S. 90
Es fehlt die Angabe, wie schwer das Flusspferdbaby ist.

Ü 18
S. 91
25 kg · 42 = 1 050 kg   30 kg · 47 = 1 410 kg
35 kg · 64 = 2 240 kg   40 kg · 67 = 2 680 kg
62 kg · 8 = 496 kg   78 kg · 5 = 390 kg
1 050 kg + 1 410 kg + 2 240 kg + 2 680 kg + 496 kg + 390 kg = 8 266 kg

9 500 kg – 8 266 kg = 1 234 kg = 1,234 t
Der Tyrannosaurus Rex ist 1 234 kg schwerer.

K S. 92 Es fehlt die Angabe des Geburtsgewichts von Siku.

2.4 Textaufgaben mit Rauminhalten

Ü1 S. 93 $\frac{1}{4}$ l = 1 000 ml : 4 = 250 ml   250 ml · 8 = 2 000 ml = 2 l
Maja kauft 2 l Katzenmilch.

Ü2 S. 94 Wochenbedarf:
Meerschweinchenweibchen: 1 000 ml : 2 = 500 ml
Meerschweinchenmännchen: 1 000 ml : 4 = 250 ml
250 ml · 3 = 750 ml
Kaninchen: 1 000 ml : 4 = 250 ml
1 000 ml + 250 ml = 1 250 ml
Graupapagei: 1 000 ml : 8 = 125 ml

K S. 95 Es fehlt die Angabe, wie viele Liter Wasser in einem Kasten sind.

Ü3 S. 96 5 l · 6 = 30 l
1,8 l · 6 = 10,8 l   65,0 l – 30 l – 10,8 l = 24,2 l
Es fehlen noch 24,2 l.

Ü4 S. 97 145 l · 8 = 1 160 l   1 500 l – 1 160 l = 340 l
Am Abend sind noch 340 l Wasser im Tank.

K S. 98 Es fehlt die Angabe, wie viele Liter Wasser in Björns Aquarium sind.

2.5 Textaufgaben mit Zeitangaben

Ü1
S. 99

14.25 Uhr $\xrightarrow{+\,3\text{ h }5\text{ min}}$ 17.30 Uhr

Mias Katze war drei Stunden und fünf Minuten beim Tierarzt.

Ü2
S. 100

28. Mai $\xrightarrow{+\,21\text{ Tage}}$ 18. Juni

Die Küken schlüpfen am 18. Juni.

Ü3
S. 101

12.15 Uhr $\xrightarrow{+\,4\text{ h}}$ 16.15 Uhr

Die Tiere werden um 16.15 Uhr noch einmal gefüttert.

K
S. 102

Es fehlt die Angabe, wie viele Tage Miriam im Urlaub ist.

Ü4
S. 104

25. Mai 2010 $\xrightarrow{+\,21\text{ Monate}}$ 25. Februar 2012

Der Geburtstermin ist der 25. Februar 2012.

Ü5
S. 104

18. Mai $\xrightarrow{+\,20\text{ Tage}}$ 7. Juni

Die Jungen öffnen ihre Augen frühestens am 7. Juni.

Ü6
S. 104

19. Februar $\xrightarrow{+\,50\text{ Tage}}$ 10. April (Febr. 28 Tage)

19. Februar $\xrightarrow{+\,51\text{ Tage}}$ 10. April (Febr. 29 Tage)

Die Tragezeit dauert 50 oder 51 Tage.

K
S. 105

Es fehlt die Angabe, wann Siri am Wochenende aufsteht.

Ü7
S. 106

26. Oktober $\xrightarrow{+\,240\text{ Tage}}$ 21. Juni/22. Juni

Die Schildkröten schlüpfen am 21. oder 22. Juni.

Ü8
S. 106

23. Mai $\xrightarrow{+\,12\text{ Tage}\,+\,2\text{ Tage}\,+\,32\text{ Tage}}$ 8. Juli

23. Mai $\xrightarrow{+\,12\text{ Tage}\,+\,4\text{ Tage}\,+\,32\text{ Tage}}$ 10. Juli

Der Kuckuck ist zwischen dem 8. und 10. Juli selbstständig.

Ü9 S. 107 17. März $\xrightarrow{+\,90\ \text{Tage}}$ 15. Juni
Am 15. Juni hüpft der Frosch zum ersten Mal an Land.

Ü10 S. 107 6. Juni $\xrightarrow{+\,2\ \text{Monate}}$ 6. August
Am 6. August kann Ferdinand seine kleine Hündin abholen.

K S. 108 Es fehlt die Angabe, wie lange kleine Katzen von der Mutter gesäugt werden.

3 Textaufgaben mit und ohne Größen

3.1 Vermischte Textaufgaben

Ü1 S. 109 1 km = 2 €   10 km = 20 €   12 km = 24 €
Er ist 12 Kilometer gelaufen.

Ü2 S. 110 55 € – 25 € = 30 €   30 € : 3 € = 10
Fatima muss zehn Monate sparen.

Ü3 S. 110 72 € : 3 = 24 €   24 € : 4 = 6 €
Eine halbe Stunde Training kostet 6 €.

Ü4 S. 111 1 min = 20 cm   60 min = 1,20 m
Der Maulwurf gräbt in einer Stunde einen 1,20 m langen Gang.
3 h = 3,60 m   360 m · 7 = 25,2 m
Der Maulwurf gräbt pro Woche 25,2 m.

Ü5 S. 112 1,60 m + 1,60 m + 1,20 m + 1,20 m = 5,60 m
1,45 € · 5,60 = 8,12 €
Das selbst gebaute Gehege ist günstiger, denn es kostet 8,12 €.

Ü6
S. 112

75 € : 10 = 7,50 €   1,5 Stunden kosten 7,50 €.
7,50 € : 3 = 2,50 € (eine halbe Stunde)
2,50 € · 2 = 5,00 € (1 Stunde)
Eine Stunde kostet 5 €.

Ü7
S. 113

365 Tage · 5 = 1 825 Tage   10 l · 1 825 = 18 250 l
In fünf Jahren trinkt das Elefantenbaby 18 250 l Muttermilch.

Ü8
S. 113

Heu: 30 kg · 4 = 120 kg   120 kg · 30 = 3 600 kg
3 600 kg : 200 kg = 18   42 € · 18 = 756 €
Karotten: 10 kg · 4 = 40 kg   40 kg · 30 = 1 200 kg
1 200 kg : 25 kg = 48
2,50 € · 48 = 120 €
Brot: 150 €
756 € + 120 € + 150 € = 1 026 €
Das Futter für die Elefantenbullen kostet in einem Monat mit 30 Tagen 1 026 €.

Ü9
S. 114

185 km · 4,5 = 832,5 km
Sie kommt mit dieser Geschwindigkeit 832,5 km weit.